智能制造综合标准化专项研究成果丛书

智能制造基础共性标准研究成果（二）

国家智能制造标准化总体组　主编

电子工业出版社
Publishing House of Electronics Industry
北京·BEIJING

内 容 简 介

2015 年开始，工业和信息化部与财政部共同实施了"智能制造综合标准化与新模式应用"专项行动。专项行动包括智能制造综合标准化和新模式应用两部分内容。本系列丛书是专项行动中智能制造综合标准化的部分研究成果。丛书分为基础共性标准成果和行业应用标准成果两大体系，本书是其中基础共性标准成果的第二册，收录了 7 项标准成果。

本书可供制造业企业及科研院所相关人员参考阅读。

未经许可，不得以任何方式复制或抄袭本书之部分或全部内容。
版权所有，侵权必究。

图书在版编目（CIP）数据

智能制造基础共性标准研究成果. （二） / 国家智能制造标准化总体组主编. —北京：电子工业出版社，2020.12
（智能制造综合标准化专项研究成果丛书）
ISBN 978-7-121-40276-0

Ⅰ. ①智… Ⅱ. ①国… Ⅲ. ①智能制造系统－标准－研究－中国 Ⅳ. ①TH166-65

中国版本图书馆 CIP 数据核字（2020）第 257330 号

责任编辑：陈韦凯
文字编辑：孙丽明　刘家彤
印　　刷：天津画中画印刷有限公司
装　　订：天津画中画印刷有限公司
出版发行：电子工业出版社
　　　　　北京市海淀区万寿路 173 信箱　邮编：100036
开　　本：880×1230　1/16　印张：9.75　字数：312 千字
版　　次：2020 年 12 月第 1 版
印　　次：2020 年 12 月第 1 次印刷
定　　价：148.00 元

凡所购买电子工业出版社图书有缺损问题，请向购买书店调换。若书店售缺，请与本社发行部联系，联系及邮购电话：（010）88254888，88258888。
质量投诉请发邮件至 zlts@phei.com.cn，盗版侵权举报请发邮件至 dbqq@phei.com.cn。
本书咨询联系方式：chenwk@phei.com.cn。

编委会

主　　编：董景辰

副 主 编：杨建军　王麟琨

参编人员：王春喜　刘　丹　史学玲　丁　露　吴东亚　卓　兰
　　　　　张　晖　周　平　郭　楠　范科峰　胡静宜　黎晓东
　　　　　王　英　徐建平　张岩涛　徐　鹏　涂　煊　柴　熠
　　　　　李翌辉　史海波　王克达　于秀明　赵奉杰　鞠恩民
　　　　　于美梅　苗建军　谢兵兵　郝玉成　朱恺真　王　琨
　　　　　朱毅明　徐　静

编 者 按

2015年开始，工业和信息化部与财政部共同实施了"智能制造综合标准化与新模式应用"专项行动，专项行动包括智能制造综合标准化和新模式应用两部分内容。本系列丛书是专项行动中智能制造综合标准化的部分研究成果。丛书分为基础共性标准成果和行业应用标准成果两大体系。本书是基础共性标准成果的第二册，收录了7项标准（草案），这7项标准（草案）于2020年8月前完成并提交出版社，每项标准（草案）均按照GB/T 1.1—2009《标准化工作导则 第1部分：标准的结构和编写》的要求进行编写。

此次出版的标准研究成果符合国家标准化委员会与工业和信息化部2015年发布的《智能制造标准体系建设指南》。根据专项的考核目标，标准的研究成果是形成标准草案，在此基础上再申报国家标准或者行业标准立项。目前，已有一部分成果完成国家标准或者行业标准的立项，也有不少成果已经在企业中得到应用。

按照工业和信息化部办公厅发布的《智能制造综合标准化与新模式应用项目管理工作细则》规定，专项标准的研究过程须经过三次技术审查。审查专家组由该领域的技术专家和标准化专家组成，其中至少包含两名国家智能制造标准化专家咨询组的专家。每次审查会都形成会议纪要、专家审查意见及专家审查意见汇总处理结果。所形成的标准（草案）还必须经过验证，由专项的项目承担单位建设验证平台，并在3个（含）以上的企业现场创建验证环境。通过举证、平台、现场三种验证方式，使验证覆盖标准（草案）的全部内容，从而保证了标准（草案）有较好的完整性、准确性和可操作性。

智能制造标准的特点是综合性非常强，不但在内容上要将设计、制造、通信、软件、管理等多个领域的技术融合在一起，而且还要进行全面的验证，所以技术难度是很大的。这也是对标准化工作一个新的挑战。感谢专项的承担单位、参研单位和众多的技术专家，他们付出了巨大的努力，克服了很多困难，最终取得了较好的成果。

希望本丛书的出版能对业界推进企业智能制造转型升级有所帮助，并希望大家对丛书的内容提出宝贵的意见。

《智能制造综合标准化专项研究成果丛书》编委会

2020年8月

目 录

成果一　智能制造能力成熟度模型 1
　前言 2
　1　范围 3
　2　规范性引用文件 3
　3　术语和定义 3
　4　成熟度模型 3
　5　成熟度要求 5

成果二　智能制造评价指数 17
　前言 18
　1　范围 19
　2　规范性引用文件 19
　3　缩略语 19
　4　智能制造评价指数框架 19
　5　指标说明 20
　附录 A（规范性附录）　智能制造评价指数使用指南 32

成果三　离散型智能制造能力建设指南 35
　前言 36
　1　范围 37
　2　规范性引用文件 37
　3　术语和定义 37
　4　缩略语 38
　5　离散型智能制造能力建设框架 38
　6　智能制造能力建设方法 39
　7　智能制造能力建设过程 40

成果四　流程型智能制造能力建设指南 45
　前言 46
　1　范围 47
　2　规范性引用文件 47

3	术语和定义	47
4	缩略语	48
5	流程型智能制造能力建设框架	48
6	智能制造能力建设方法	49
7	智能制造能力建设过程	50

成果五 智能工厂建设导则 第1部分：物理工厂智能化系统 55

前言 56

1	范围	57
2	规范性引用文件	57
3	术语和定义	57
4	缩略语	58
5	建设要求	59
6	设备设施	63
7	信息基础设施	64
8	生产过程	67
9	管理与集成	69
10	研发设计	71
11	知识	73
12	安全与职业健康	73

附录 A （资料性附录） 典型物理工厂的智能化系统配置 75

成果六 智能工厂建设导则 第2部分：虚拟工厂建设要求 95

前言 96

1	范围	97
2	规范性引用文件	97
3	术语和定义	97
4	建设内容	97
5	模型要求	98
6	工艺仿真要求	101
7	性能仿真要求	107
8	建造仿真要求	112

附录 A 模型与物理工厂各系统的对应关系 113

附录 B 工厂模型详细要求 114

成果七 智能工厂建设导则 第3部分：智能工厂设计文件编制要求 117
   前言 118
   1 范围 119
   2 规范性引用文件 119
   3 术语和定义 119
   4 缩略语 119
   5 基本规定 120
   6 可行性研究报告 121
   7 初步设计 126
   8 施工图设计 135
   9 专项深化设计 142

成果一

智能制造能力成熟度模型

前　言

本标准按照 GB/T 1.1—2009 给出的规则起草。
请注意本标准的某些内容可能涉及专利，本标准的发布机构不承担识别这些专利的责任。
本标准由工业和信息化部提出。
本标准由工业和信息化部（电子）归口。

智能制造能力成熟度模型

1 范围

本标准规定了智能制造能力成熟度模型,包括成熟度等级、能力要素和成熟度要求。

本标准适用于制造企业、智能制造系统解决方案供应商和第三方开展智能制造能力的差距识别、方案规划和改进提升。

2 规范性引用文件

下列文件对于本文件的应用是必不可少的。凡是注日期的引用文件,仅注日期的版本适用于本文件。凡是不注日期的引用文件,其最新版本(包括所有的修改单)适用于本文件。

GB/T 智能制造能力成熟度评估方法

3 术语和定义

3.1 术语和定义

下列术语和定义适用于本文件。

智能制造能力 capability of intelligent manufacturing

为实现智能制造的目标,企业对人员、技术、资源、制造等进行管理提升和综合应用的程度。

3.2 缩略语

下列缩略语适用于本文件。

AGV:自动引导运输车(Automated Guided Vehicle)
CPS:信息物理系统(Cyber-Physical Systems)
ESB:企业服务总线(Enterprise Service Bus)
IT:信息技术(Information Technology)
ODS:操作数据存储(Operational Data Store)
PLC:可编程逻辑控制器(Programmable Logic Controller)
RFID:射频识别(Radio Frequency Identification)
SDN:软件定义网络(Software Defined Network)

4 成熟度模型

4.1 模型构成

本模型由成熟度等级、能力要素和成熟度要求构成,其中,能力要素由能力域构成,能力域由能力子域构成，如图1所示。

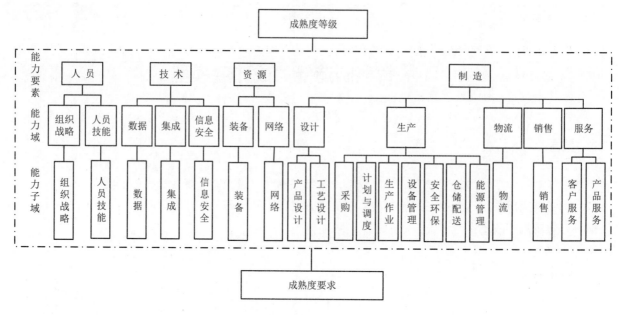

图 1　模型构成

4.2　成熟度等级

成熟度等级规定了企业智能制造能力在不同阶段应达到的水平。成熟度等级分为五个等级，自低向高分别是一级（规划级）、二级（规范级）、三级（集成级）、四级（优化级）和五级（引领级），如图2所示。较高的成熟度等级涵盖了低成熟度等级的要求。

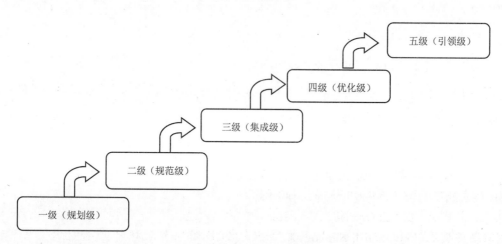

图 2　成熟度等级

一级（规划级）：企业应开始对实施智能制造的基础和条件进行规划，能够对核心业务活动（设计、生产、物流、销售、服务）进行流程化管理。

二级（规范级）：企业应采用自动化技术、信息技术手段对核心装备和业务活动等进行改造和规范，实现单一业务活动的数据共享。

三级（集成级）：企业应对装备、系统等开展集成，实现跨业务活动间的数据共享。

四级（优化级）：企业应对人员、资源、制造等进行数据挖掘，形成知识、模型等，实现对核心业务活动的精准预测和优化。

五级（引领级）：企业应基于模型持续驱动业务活动的优化和创新，实现产业链协同并衍生新的制造模式和商业模式。

4.3 能力要素

能力要素提出了智能制造能力成熟度等级提升的关键方面，包括人员、技术、资源和制造。人员包括组织战略、人员技能 2 个能力域。技术包括数据、集成和信息安全 3 个能力域。资源包括装备、网络 2 个能力域。制造包括设计、生产、物流、销售和服务 5 个能力域。

设计能力域包括产品设计和工艺设计 2 个能力子域；生产能力域包括采购、计划与调度、生产作业、设备管理、安全环保、仓储配送、能源管理 7 个能力子域；物流能力域包括物流 1 个能力子域；销售能力域包括销售 1 个能力子域；服务能力域包括客户服务和产品服务 2 个能力子域。

企业可根据自身业务活动特点对能力域进行裁剪。

4.4 成熟度要求简介

成熟度要求规定了能力要素在不同成熟度等级下应满足的具体条件，具体要求见第 5 章。

5 成熟度要求

5.1 人员

人员能力要素包括组织战略、人员技能 2 个能力域。人员的成熟度要求见表 1。

表 1 人员的成熟度要求

能力域	一级	二级	三级	四级	五级
组织战略	a）应制定智能制造的发展规划； b）应对发展智能制造所需的资源进行投资	a）应制定智能制造的发展战略，对智能制造的组织结构、技术架构、资源投入、人员配备等进行规划，形成具体的实施计划； b）应明确智能制造责任部门和各关键岗位的责任人，并且明确各岗位的岗位职责	a）应对智能制造战略的执行情况进行监控与评测，并持续优化战略； b）应建立优化岗位结构的机制，并定期对岗位结构和岗位职责的适宜性进行评估，基于评估结果实施岗位结构优化和岗位调整		
人员技能	a）应充分意识到智能制造的重要性； b）应培养或引进智能制造发展需要的人员	a）应具备智能制造统筹规划能力的个人或团队； b）应具备掌握 IT 基础、数据分析、信息安全、系统运维、设备维护、编程调试等技术的人员； c）应制定适宜的智能制造人才培训体系、绩效考核机制等，及时有效的使员工获取新的技能和资格，以适应企业智能制造发展需要	a）应具备创新管理机制，持续开展智能制造相关技术创新和管理创新； b）应建立知识管理体系，通过信息技术手段管理人员贡献的知识和经验，并结合智能制造需求，开展分析和应用	a）应建立知识管理平台，实现人员知识、技能、经验的沉淀与传播； b）应将人员知识、技能和经验进行数字化与软件化	

5.2 技术

技术能力要素包括数据、集成、信息安全3个能力域。技术的成熟度要求见表2。

表2 技术的成熟度要求

能力域	一级	二级	三级	四级	五级
数据	a）应采集业务活动所需的数据； b）应基于经验开展数据分析	a）应基于二维码、条形码、RFID、PLC等，实现数据采集； b）应基于信息系统数据和人工经验开展数据分析，满足特定范围的数据使用需求； c）应实现数据及分析结果在部门内在线共享	a）应采用传感技术，实现制造关键环节数据的自动采集； b）应建立统一的数据编码、数据交换格式和规则等，整合数据资源，支持跨部门的业务协调； c）应实现数据及分析结果的跨部门在线共享	a）应建立企业级的统一数据中心； b）应建立常用数据分析模型库，支持业务人员快速进行数据分析； c）应采用大数据技术，应用各类型算法模型，预测制造环节状态，为制造活动提供优化建议和决策支持	应对数据分析模型实时优化，实现基于模型的精准执行
集成	应具有系统集成的意识	a）应开展系统集成规划，包括网络、硬件、软件等内容； b）应实现关键业务活动设备、系统间的集成	a）应形成完整的系统集成架构； b）应具备设备、控制系统与软件系统间集成的技术规范，包括异构协议的集成规范、工业软件的接口规范等； c）应通过中间件工具、数据接口、集成平台等方式，实现跨业务活动设备、系统间的集成	应通过企业服务总线（ESB）和操作数据存储系统（ODS）等方式，实现全业务活动的集成	
信息安全	a）应制定信息安全管理规范，并有效执行； b）应成立信息安全协调小组	a）应定期对关键工业控制系统开展信息安全风险评估； b）应在工业主机上安装正规的工业防病毒软件； c）应在工业主机上进行安全配置和补丁管理	a）工业控制网络边界应具有边界防护能力； b）工业控制设备的远程访问应进行安全管理和加固	a）工业网络应部署具有深度包解析功能的安全设备； b）应自建离线测试环境，对工业现场使用的设备进行安全性测试； c）在工业企业管理网中，应采用具备自学习、自优化功能的安全防护措施	

5.3 资源

资源能力要素包括装备、网络 2 个能力域。资源的成熟度要求见表 3。

表 3 资源的成熟度要求

能力域	一级	二级	三级	四级	五级
装备	a) 应在关键工序应用自动化设备； b) 应对关键工序设备形成技改方案	a) 应在关键工序应用数字化设备； b) 关键工序设备应具备标准通信接口（例如：RJ45、RS-232、RS-485 等），并支持主流通信协议（例如：OPC/OPC UA、ModBus、PROFIBUS 等）	a) 关键工序设备应具备数据管理、模拟加工、图形化编程等人机交互功能； b) 应建立关键工序设备的三维模型库	a) 关键工序设备应具有预测性维护功能； b) 关键工序设备应具有远程监测和远程诊断功能，可实现故障预警	a) 关键工序设备三维模型应集成设备实时运行参数，实现设备与模型间的信息实时互联； b) 关键工序设备、单元、生产线等应实现基于工业数据分析的自适应、自优化、自控制等，并与其他系统进行数据分享
网络	应实现办公网络覆盖	应实现工业控制网络和生产网络覆盖	a) 应建立工业控制网络、生产网络和办公网络的防护措施，包括不限于网络安全隔离、授权访问等手段； b) 网络应具备远程配置功能，包括不限于带宽、规模、关键节点的扩展功能和升级功能； c) 网络应能够保障关键业务数据传输的完整性	应建立分布式工业控制网络，基于软件定义网络（SDN）的敏捷网络，实现网络资源优化配置	

5.4 制造

制造能力要素包括设计、生产、物流、销售和服务 5 个能力域。

5.4.1 设计

设计能力域包括产品设计和工艺设计 2 个能力子域。设计的成熟度要求见表 4。

表 4 设计的成熟度要求

能力子域	一级	二级	三级	四级	五级
产品设计	a）应基于计算机辅助开展二维产品设计； b）应根据用户需求，按照设计经验进行产品设计方案的策划； c）应制定产品设计过程相关规范，并有效执行	a）应基于计算机辅助开展三维产品设计； b）应通过产品数据管理系统实现产品设计数据或文档的结构化管理及数据共享，实现产品设计的流程、结构的统一管理，以及版本管理、权限控制、电子审批等； c）应实现产品不同专业或者组件之间的并行设计	a）应建立典型产品组件的标准库及典型产品设计知识库，在产品设计时进行匹配和引用； b）三维模型应集成产品设计信息（如：尺寸、公差、工程说明、材料需求等），确保产品研发过程中数据源的唯一性； c）应基于三维模型实现对外观、结构、性能等关键要素的设计仿真及迭代优化； d）应实现产品设计与工艺设计间的信息交互、并行协同	a）应基于产品组件的标准库、产品设计知识库的集成和应用，实现产品参数化、模块化设计； b）应将产品的设计信息、生产信息、检验信息、运维信息等集成于产品的数字化模型中，实现基于模型的产品数据归档和管理； c）应构建完整的产品设计仿真分析和试验验证平台，并对产品外观、结构、性能、工艺等进行仿真分析、试验验证与迭代优化； d）应通过产品设计、生产、物流、销售或服务等系统的集成，实现产品全生命周期跨业务之间的协同	a）应基于参数化、模块化设计，建立产品个性化定制平台，具备个性化定制的接口与能力； b）应基于统一的三维模型，实现产品全生命周期动态管理，满足设计、生产、物流、销售、服务等应用需求； c）应基于产品标准库和设计知识库的集成和应用，实现产品高效设计； d）应建立产品设计云平台，实现用户、供应商等多方信息交互、协同设计和产品创新

续表

能力子域	一级	二级	三级	四级	五级
工艺设计	a）应基于产品设计数据开展工艺设计和优化； b）应制定工艺设计过程相关规范，并有效执行； c）应建立工艺文档或数据的管理机制，能够对工艺信息进行记录、查阅和执行	a）应基于计算机辅助开展工艺设计和优化； b）应基于典型产品或特征建立工艺模板，实现关键工艺设计信息的重用； c）应实现工艺不同专业之间的并行设计	a）应通过工艺设计管理系统，实现工艺设计文档或数据的结构化管理、数据共享、版本管理、权限控制和电子审批； b）应建立典型制造工艺流程、参数、资源等关键要素的知识库，并能以结构化的形式展现、查询与更新； c）应基于数字化模型实现制造工艺关键环节的仿真分析及迭代优化； d）应实现工艺设计与产品设计之间的信息交互、并行协同	a）应实现基于模型的三维工艺设计和优化，并将完整的工艺信息（如：工装、工具、设备等）集成于三维工艺模型中； b）应基于工艺知识库的集成应用，实现工艺流程、工序内容、工艺资源等知识的实时调用，为工艺规划与设计提供决策支持； c）应实现基于三维模型的制造工艺全要素的仿真分析及迭代优化； d）应基于工艺设计、生产、检验等系统的集成，通过工艺信息下发、执行、反馈、监控的闭环管控，实现工艺设计与制造协同	a）应基于工艺知识库的集成应用，辅助工艺优化； b）应基于设计、工艺、生产、检验、运维等数据分析，构建实时优化模型，实现工艺设计动态优化； c）应建立工艺设计云平台，实现产业链跨区域、跨平台的协同工艺设计

5.4.2 生产

生产能力域包括采购、计划与调度、生产作业、设备管理、安全环保、仓储配送、能源管理 7 个能力子域。生产的成熟度要求见表 5。

表5 生产的成熟度要求

能力子域	一级	二级	三级	四级	五级
采购	a）应根据产品、物料需求和库存等信息制定采购计划； b）应实现对采购订单、采购合同和供应商等信息的管理； c）应建立合格供应商机制，并有效执行	a）应通过信息系统制定物料需求计划，生成采购计划，并管理和追踪采购执行全过程； b）应通过信息技术手段，实现供应商的寻源、评价和确认	a）应将采购、生产和仓储等信息系统集成，自动生成采购计划，并实现出入库、库存和单据的同步； b）应通过信息系统开展供应商管理，对供应商的供货质量、技术、响应、交付、成本等要素进行量化评价	a）通过与供应商的销售系统集成，实现协同供应链； b）应基于采购执行、生产消耗和库存等数据，建立采购模型，实时监控采购风险并及时预警，自动提供优化方案； c）应基于信息系统的数据，优化供应商评价模型	a）应实现企业与供应商在设计、生产、质量、库存、物流的协同，并实时监控采购变化及风险，自动做出反馈和调整； b）应实现采购模型和供应商评价模型的自优化
计划与调度	a）应基于销售订单和销售预测等信息，编制主生产计划； b）应基于主生产计划进行排产，形成详细生产作业计划并开展生产调度	a）应通过信息系统，依据生产数量、交期等约束条件自动生成主生产计划； b）应基于企业的安全库存、采购提前期、生产提前期等制约要素实现物料需求计划的运算； c）应基于信息技术手段编制详细生产作业计划，基于人工经验开展生产调度	a）应基于安全库存、采购提前期、生产提前期、生产过程数据等要素开展生产能力运算，自动生成有限能力主生产计划； b）应基于约束理论的有限产能算法开展排产，自动生成详细生产作业计划； c）应实时监控各生产环节的投入和产出进度，系统实现异常情况（如：生产延时、产能不足）的自动预警，并支持人工对异常的调整	a）应基于先进排产调度的算法模型，系统自动给出满足多种约束条件的优化排产方案，形成优化的详细生产作业计划； b）应实时监控各生产要素，系统实现对异常情况的自动决策和优化调度	a）应通过工业大数据分析，构建生产运行实时模型，提前处理生产过程中的波动和风险，实现动态实时的生产排产和调度； b）应通过统一平台，基于产能模型、供应商评价模型等，自动生成产业链上下游企业的生产作业计划，并支持企业间生产作业计划异常情况的统一调度

续表

能力子域	一级	二级	三级	四级	五级
生产作业	a）应制定生产作业相关规范，并有效执行； b）应记录关键工序的生产过程信息	a）应通过信息技术手段，将工艺文件下发到生产单元； b）应基于信息技术手段，实现生产过程关键物料、设备、人员等的数据采集，并上传到信息系统； c）应在关键工序采用数字化质量检测设备，实现产品质量检测和分析； d）应通过信息系统记录生产过程产品信息，每个批次实现生产过程追溯	a）应根据生产作业计划，自动将工艺文件下发到各生产单元； b）应实现对生产作业计划、生产资源、质量信息等关键数据的动态监测； c）应通过数字化检验设备及系统的集成，实现关键工序质量在线检测和在线分析，自动对检验结果判断和报警，实现检测数据共享，并建立产品质量问题知识库； d）应实现生产过程中原材料、半成品、产成品等质量信息可追溯	a）应根据生产作业计划，自动将生产程序、运行参数或生产指令下发到数字化设备； b）应构建模型实现生产作业数据的在线分析，优化生产工艺参数、设备参数、生产资源配置等； c）应基于在线监测的质量数据，建立质量数据算法模型预测生产过程异常，并实时预警； d）应实时采集产品原料、生产过程、客户使用的质量信息，实现产品质量的精准追溯，并通过数据分析和知识库的运用，进行产品的缺陷分析，提出改善方案	a）宜实现生产资源自组织、自优化，满足柔性化、个性化生产的需求； b）应基于人工智能、大数据等技术，实现生产过程非预见性异常的自动调整； c）应基于模型实现质量知识库自优化
设备管理	应通过人工或手持仪器开展设备点巡检，并依据人工经验实现检修维护过程管理和故障处理	a）应通过信息技术手段制定设备维护计划，实现对设备设施维护保养的预警； b）应通过设备状态检测结果，合理调整设备维护计划； c）应采用设备管理系统实现设备点巡检、维护保养等状态和过程管理	a）应实现设备关键运行参数（温度、电压、电流等）数据的实时采集、故障分析和远程诊断； b）应依据设备关键运行参数等，实现设备综合效率（OEE）统计； c）应建立设备故障知识库，并与设备管理系统集成； d）应依据设备运行状态，自动生成检修工单，实现基于设备运行状态的检修维护闭环管理	a）应基于设备运行模型和设备故障知识库，自动给出预测性维护解决方案； b）应基于设备综合效率的分析，自动驱动工艺优化和生产作业计划优化	应采用机器学习、神经网络等，实现设备运行模型的自学习、自优化

续表

能力子域	一级	二级	三级	四级	五级
安全环保	应制定企业安全管理机制和环保管理机制,具备安全和环保操作规程	a）应通过信息技术手段实现员工职业健康和安全作业管理； b）应通过信息技术手段实现环保管理,环保数据可采集并记录	a）应建立安全培训、风险管理等知识库；在现场作业端应用定位跟踪等方法,强化现场安全管控； b）应实现从清洁生产到末端治理的全过程环保数据的采集,实时监控及报警,并开展可视化分析； c）应建立应急指挥中心,基于应急预案库自动给出管理建议,缩短突发事件应急响应时间	a）应基于安全作业、风险管控等数据的分析,实现危险源的动态识别、评审和治理； b）应实现环保监测数据和生产作业数据的集成应用,建立数据分析模型,开展排放分析及预测预警	a）应综合应用知识库及大数据分析技术,实现生产安全一体化管理； b）应实现环保、生产、设备等数据的全面实时监控,应用数据分析模型,预测生产排放并自动提供生产优化方案并执行
仓储配送	a）应制定仓储（罐区）管理规范,实现出入库、盘点和安全库存等管理； b）应基于管理分类和规范要求,实现仓储合规管理； c）应基于生产计划制定配送计划,实现原材料、半成品等定时定量配送	a）应基于条码、二维码、RFID等,实现出入库管理； b）应建立仓储管理系统,实现货物库位分配、出入库和移库等管理； c）应基于生产单元物料消耗情况发起配送请求,并提示及时配送； d）适用时,应建立罐区管理系统,实现储罐中介质相关数据的实时采集和分析	a）应基于仓储管理系统与制造执行系统集成,依据实际生产作业计划实现半自动或自动出入库管理； b）应采用射频遥控数据终端、声控或按灯拣货等手段进行入库和拣货； c）应通过配送设备（AGV、桁车、手持终端等）和信息系统集成,实现关键件及时配送； d）适用时,应基于工业无线网,通过无线传感器,将罐区相关信息自动采集至罐区管理系统,对储罐状态进行实时监测,储罐状态异常时可自动报警,避免冒罐事故发生	a）应通过数字化仓储设备、配送设备与信息系统集成,依据实际生产状态实时拉动物料配送； b）应建立仓储模型和配送模型,实现库存和路径的优化； c）适用时,应根据储罐状态实时数据进行趋势预测,结合知识库自动给出纠正和预防措施	a）应基于分拣和配送模型,满足个性化、柔性化生产实时配送需求； b）通过企业与上游供应链的集成优化,实现最优库存或即时供货； c）适用时,应通过智能仪表、互联网、云计算和大数据技术,实现罐区阀门自动控制,实现无人罐区

续表

能力子域	一级	二级	三级	四级	五级
能源管理	应建立企业能源管理制度，开展主要能源的数据采集和计量	a）应通过信息技术手段，对主要能源的产生、消耗点开展数据采集和计量； b）应建立水电气等重点能源消耗的动态监控和计量； c）应实现重点高能耗设备、系统等的动态运行监控； d）应对有节能优化需求的设备开展实时计量，并基于计量结果进行节能改造	a）应对高能耗设备能耗数据进行统计与分析，制定合理的能耗评价指标； b）应建立能源管理信息系统，对能源输送、存储、转化、使用等各环节进行全面监控，进行能源使用和生产活动匹配，并实现能源调度； c）应实现能源数据与其他系统数据共享，为业务管理系统和决策支持系统提供能源数据	a）应建立节能模型，实现能流的精细化和可视化管理； b）应根据能效评估结果及时对空压机、锅炉、工业窑炉等高耗能设备进行技术改造和更新	应实现能源的动态预测和平衡，并指导生产

5.4.3 物流

物流能力域只有1个能力子域，即物流能力子域。物流的成熟度要求见表6。

表6 物流的成熟度要求

能力子域	一级	二级	三级	四级	五级
物流	a）应根据运输订单和经验，制定运输计划并配置调度； b）应对车辆和驾驶员进行统一管理； c）应对物流信息进行简单跟踪	a）应通过运输管理系统实现订单、运输计划、运力资源、调度等的管理； b）应通过电话、短信等形式反馈运输配送关键节点信息给管理人员	a）应通过仓储（罐区）管理系统和运输管理系统的集成，整合出库和运输过程； b）应实现运输配送关键节点信息跟踪，并通过信息系统将信息反馈给客户； c）应通过运输管理系统，实现拼单、拆单等功能	a）应实现生产、仓储配送（管道运输）、运输管理多系统的集成优化； b）应实现运输配送全过程信息跟踪，对轨迹异常进行报警； c）应基于模型，实现装载能力优化以及运输配送线路优化	应通过物联网和数据模型分析，实现物、车、路、用户的最佳方案自主匹配

5.4.4 销售

销售能力域只有1个能力子域，即销售能力子域。销售的成熟度要求见表7。

表7 销售的成熟度要求

能力子域	一级	二级	三级	四级	五级
销售	a）应基于市场信息和销售历史数据（区域、型号、产品定位、数量等），通过人工方式进行市场预测，制定销售计划； b）应对销售订单、销售合同、分销商、客户等信息进行统计和管理	a）应通过信息系统编制销售计划，实现销售计划、订单、销售历史数据的管理； b）应通过信息技术手段实现分销商、客户静态信息和动态信息的管理	a）应根据数据模型进行市场预测，生成销售计划； b）应与采购、生产、物流等业务集成，实现客户实际需求拉动采购、生产和物流计划	a）应通过对客户信息的挖掘、分析，优化客户需求预测模型，制定精准的销售计划； b）应综合运用各种渠道，实现线上线下协同，统一管理所有销售方式； c）应根据客户需求变化情况，动态调整设计、采购、生产、物流等方案	a）应采用大数据、云计算和机器学习等技术，通过数据挖掘、建模分析，全方位分析客户特征，实现满足客户需求的精准营销，并挖掘客户新的需求，促进产品创新； b）宜通过虚拟现实技术，满足销售过程中客户对产品使用场景及使用方式的虚拟体验； c）应实现产品从接单、答复交期、生产、发货到回款全过程自动管理的销售模式

5.4.5 服务

服务能力域包括客户服务、产品服务2个能力子域。服务的成熟度要求见表8。

表8 服务的成熟度要求

能力子域	一级	二级	三级	四级	五级
客户服务	a）应制定客户服务规范，并有效执行； b）应对客户服务信息进行统计，并反馈给设计、生产、销售部门	a）应建立包含客户反馈渠道和服务满意度评价制度的规范化服务体系，实现客户服务闭环管理； b）应通过信息系统实现客户服务管理，对客户服务信息进行统计并反馈给相关部门	a）应通过客户服务平台或移动客户端等实时提供在线客服； b）应具备客户服务信息数据库及客户服务知识库，实现与客户关系管理系统的集成	a）应实现面向客户的精细化管理，提供主动式客户服务； b）应建立客户服务数据模型，实现满足客户需求的精准服务	应采用服务机器人实现自然语言交互、智能客户管理，并通过多维度的数据挖掘，进行自学习、自优化

续表

能力子域	一级	二级	三级	四级	五级
产品服务	a）应制定产品服务规范，并有效开展现场运维及远程运维指导服务； b）应对产品故障信息进行统计，并反馈给设计、生产、销售部门	a）应具备产品故障知识库和维护方法知识库，为服务人员提供现场运维和远程运维操作指导； b）应通过信息技术手段对产品使用信息进行统计，并反馈给相关部门	a）产品应具有数据采集、存储、网络通信等功能； b）产品服务系统应具备产品运行信息管理、维修计划和执行管理、维修物料及寿命管理等功能，并实现与设计、生产、销售等系统的集成	a）产品应具有数据传输、故障预警、预测性维护等功能； b）应建立远程运维服务平台，提供远程监测、故障预警、预测性维护等服务； c）远程运维平台应对装备/产品上传的运行参数、维保、用户使用等数据进行挖掘分析，并与产品全生命周期管理系统、产品研发管理系统集成，实现产品性能优化与创新	a）产品应具有自感知、自适应、自优化等功能； b）应通过云平台，整合跨区域、跨界服务资源，构建服务生态

成果二

智能制造评价指数

前　言

本标准按照 GB/T 1.1—2009 给出的规则起草。
本标准由工业和信息化部提出。
本标准由工业和信息化部（电子）归口。
本标准的附录 A 给出了智能制造评价指数的评价过程、指标权重和计算方法。

智能制造评价指数

1 范围

本标准规定了智能制造评价指数框架、各级指标、指标权重和计算方法。

本标准适用于制造企业智能制造水平的评价工作，也适用于行业组织及政府部门开展行业、区域智能制造水平评价、统计与分析等。

2 规范性引用文件

下列文件对于本规范的应用是必不可少的。凡是注日期的引用文件，仅注日期的版本适用于本文件。凡是不注日期的引用文件，其最新版本（包括所有的修改单）适用于本文件。

GB/T 智能制造能力成熟度模型

3 缩略语

下列缩略语适用于本文件。

CRM：客户关系管理（Customer Relationship Management）
DCS：分布式控制系统（Distributed Control System）
ERP：企业资源计划（Enterprise Resource Planning）
MES：制造执行系统（Manufacturing Execution System）
MOM：制造运行管理（Manufacturing Operations Management）
PDM：产品数据管理（Product Data Management）
PIMS：生产信息管理系统（Production Information Management System）
PLM：产品生命周期管理（Product Lifecycle Management）
SCADA：数据采集与监视控制系统（Supervisory Control And Data Acquisition）
SCM：供应链管理（Supply Chain Management）
WMS：仓储管理系统（Warehouse Management System）

4 智能制造评价指数框架

本标准以《智能制造能力成熟度模型》为依据，针对《智能制造能力成熟度模型》中的按维、类、域逐级划分的能力等级要求，编制相应的评价指标，评价指标包括定性与定量两类，以指标具有全行业通用性，指标的重要性通过权重来调节，指标具有可测量、可核查、可报告性和与《智能制造能力成熟度模型》标准关联等原则编制。

本标准规定了智能制造评价指数的框架，包括基础指标、行业指标和企业指标三大类，不同企业间和行业间指标繁多且存在普遍差异，无法覆盖到所有的行业与企业，估本标准只给出基础指标。企业和行业指标可由行业和企业相关部门按照本标准的指标格式进行后续补充。本标准框架包括战略组织、基础设施、智能装备、制造过程及智能应用等。指标构建方式主要参考了智能制造系统架构和智能制造能力等级要求，每个指标都有映射。智能制造评价指数框架如图2所示。

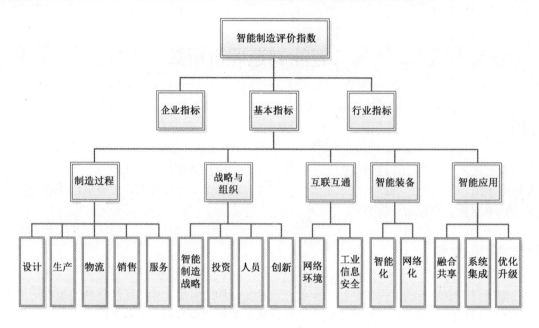

图2 智能制造评价指数框架

5 指标说明

5.1 表头信息说明

评价表中的表头说明如下。
a）指标编号：
　　1）L：一级；
　　2）P：二级；
　　3）A：二级指标分项编号。
b）指标名称：评价指标的名称。
c）计算方法：评价指标的计算方法。
d）数据要求：评价指标中数据的要求。

5.2 战略与组织

5.2.1 智能制造战略

本指标用于评价企业的智能制造发展战略以及组织设置的情况，企业依据战略定位和组织设置，推动智能制造的规划与实施。智能制造战略评价指标见表1。

表1 智能制造战略评价指标

指标编号	指标名称	计算方法	数据要求
L1P1-A1	发展战略	分项分数=50%×该题得分 （A得分0，B得分50，C得分80，D得分100） A．未开展此类工作	数据取某一时间点的统计数据，如评价开始前一年内的战略规划文件

续表

指标编号	指标名称	计算方法	数据要求
L1P1-A1	发展战略	B. 将智能制造纳入技术改造任务，尚未有智能制造发展规划与实施方案 C. 将智能制造工作列入企业发展战略，初步拟定了智能制造发展规划与实施方案 D. 将智能制造工作列入企业发展战略，并制定了详细的智能制造发展规划与实施方案	数据取某一时间点的统计数据，如评价开始前一年内的战略规划文件
L1P1-A2	组织决策	分项分数=50%×该题得分 （A 得分 0，B 得分 50，C 得分 80，D 得分 100） A. 没有部分或组织服务 B. 企业其他部门兼管智能制造工作，没有设立专门部门 C. 企业具有专门负责智能制造的团队或组织 D. 企业具有独立的智能制造团队或组织，且领导者处于企业决策层能够充分协调企业资源	数据取某一时间点的统计数据，如评价开始前的月末数据

5.2.2 投资

本指标用于评价企业在发展智能制造过程中的资金配备与投入情况，评价智能制造相关资金投入的适度性，通过合理规划资金投入，提高资金使用效率。投资评价指标见表2。

表2 投资评价指标

指标编号	指标名称	计算方法	数据要求
L1P2-A1	资金投入占比	分项分数=该题得分 （A 得分 0，B 得分 25，C 得分 50，D 得分 80，E 得分 100） 企业年度智能制造相关投入占企业年度总投资数的百分比： A. 0% B. 1%～20% C. 20%～30% D. 30%～50% E. 50%～100%	智能制造投入包括技术改造、产线投入、关键技术装备的投入（高档数控机床与工业机器人、增材制造装备、智能传感与控制装备、智能检测与装配装备、智能物流与仓储装备）。数据取某一时间点的统计数据，如评价开始前一年内的投资数据

5.2.3 人员

本指标用于评价企业对智能制造相关人员的能力识别及培养与其智能制造水平相匹配的情况，通过对人员的培养、技能水平的提升，使人员具备与企业智能制造水平相匹配的能力。人员评价指标见表3。

表 3 人员评价指标

指标编号	指标名称	计算方法	数据要求
L1P3-A1	能力识别	分项分数=50%×得分（A 得分 0，B 得分 25，C 得分 50，D 得分 80，E 得分 100） 企业具备 IT 基础、数据分析、数据安全、信息安全等信息技术和设备维护、远程编程和配置的自动化技术等负责智能制造相关工作的人员占比多少？ A. 0% B. 1%～20% C. 20%～30% D. 30%～50% E. 50%～100%	具备以下专业领域（电气类、电子信息类、自动化类、计算机类、电子商务类）知识的人员在企业全员的占比，数据取某一时间点的统计数据，如评价开始前一年内的数据
L1P3-A2	技能获取	分项分数=50%×得分（A 得分 0，B 得 50 分，C 得分 80，D 得分 100） A. 无智能制造相关的人才培养 B. 建立了智能制造人员培训体系和人才培养机制 C. 建立了人才培养系统，利用信息技术手段实现了人员知识和经验的管理 D. 通过信息化系统分析现有人员能力水平，系统能提供精准培训，保证人员获取更多技能适应企业的智能制造发展需要	数据取某一时间点的统计数据，如评价开始前一年内的数据

5.2.4 创新

本指标用于评价企业在智能制造方向的知识产权获取情况，企业可通过持续创新，带来新的业务机会，形成新的商业模式。创新评价指标见表 4。

表 4 创新评价指标

指标编号	指标名称	计算方法	数据要求
L1P4-A1	创新措施	分项分数=50%×得分（A 得分 0，B 得分 50，C 得分 80，D 得分 100） 企业年度在智能制造方面开展的管理创新和技术创新实践的总数 A. 无 B. 1～10 C. 11～20 D. 20 以上	数据取某一时间点的统计数据，如评价开始前的年度数据
L1P4-A2	创新成果	分项分数=50%×得分（A 得分 0，B 得分 50，C 得分 80，D 得分 100） 企业年度创新成果数（创新成果包括：软件著作、专利、知识产权、国家级、省部级智能制造专项） A. 无 B. 1～10 C. 11～20 D. 20 以上	数据取某一时间点的统计数据，如评价开始前的年度数据

5.3 互联互通

5.3.1 网络环境

本指标用于评价企业网络化设施的配备情况,通过网络建设与区域覆盖,来提升智能制造下互联互通的基础环境。网络环境评价指标见表5。

表5 网络环境评价指标

指标编号	指标名称	计算方法	数据要求
L2P1-A1	网络覆盖	分项分数=50%×(b1+b2+b3+b4) b1:网络已覆盖所有办公区域得25分,覆盖部分办公区域得15分,否则得0分; b2:网络已覆盖所有生产区域得30分,覆盖部分生产区域得20分,否则得0分; b3:网络已覆盖所有公共区域得20分,覆盖部分公共区域得10分,否则得0分; b4:已建立专有网络,能提高网络传输质量,满足得25分,否则得0分	网络包括有线网络、无线网络。数据取某一时间点的统计数据,如评价开始前的月末数据
L2P1-A2	网络建设	分项分数=50%×(b1+b2+b3) b1:建立网络架构总体设计方案并已按照既定方案实施,满足得50分,否则得0分; b2:具备网络可靠性、冗余性设计,满足得30分,否则得0分; b3:可灵活实现带宽、规模、关键节点可扩展、可升级,满足得20分,否则得0分	数据取某一时间点的统计数据,如评价开始前的月末数据

5.3.2 工业信息安全

本指标用于评价企业在智能制造过程中所涉及的数据、网络及系统等方面的安全保障情况,通过执行必要的安全措施,提升企业工业信息安全的整体水平。工业信息安全评价指标见表6。

表6 工业信息安全评价指标

指标编号	指标名称	计算方法	数据要求
L2P2-A1	数据安全	分项分数=40%×(b1+b2+b3+b4) b1:已对静态存储的重要工业数据进行加密存储或隔离保护,设置访问控制功能,满足得25分,否则得0分; b2:已对关键业务数据进行定期备份,满足得25分,否则得0分; b3:针对关键业务数据具备数据恢复能力,满足得25分,否则得0分; b4:已对动态传输的重要工业数据进行加密传输或使用VPN等方式进行保护,满足得25分,否则得0分	数据取某一时间点的统计数据,如评价开始前的月末数据

续表

指标编号	指标名称	计算方法	数据要求
L2P2-A2	网络安全	分项分数=30%×（b1+b2+b3） b1：已禁止工业控制系统面向互联网开通 HTTP、FTP、Telnet 等高风险通用网络服务。确需远程访问维护的，应采用虚拟专用网等方式，满足得 35 分，否则得 0 分； b2：已通过工业控制网络边界防护设备对工业控制网络与企业网或互联网之间的边界进行安全防护，禁止没有防护的工业控制网络与互联网连接，满足得 35 分，否则得 0 分； b3：已在工业控制网络部署网络安全监测设备，满足得 30 分，否则得 0 分	数据取某一时间点的统计数据，如评价开始前的月末数据
L2P2-A3	系统安全	分项分数=30%×（b1+b2+b3+b4） b1：对核心工业控制软硬件所在区域采取访问控制、视频监控、专人值守等物理安全防护措施；并拆除或封闭工业主机上不必要的 USB、光驱、无线等接口，满足得 25 分，否则得 0 分； b2：在工业主机登录、应用服务资源访问、工业云平台访问等过程中使用身份认证管理。对于关键设备、系统和平台的访问采用多因素认证，满足得 25 分，否则得 0 分； b3：在工业主机上采用经过离线环境中充分验证测试的防病毒软件，只允许经过工业企业自身授权和安全评估的软件运行，已建立防病毒和恶意软件入侵管理机制，满足得 25 分，否则得 0 分； b4：对重大配置变更制定变更计划并进行影响分析，并在配置变更实施前进行严格的安全测试；同时关注安全漏洞信息，并在一定时间内（原则上不超过 180 天）及时开展补丁升级，满足得 25 分，否则得 0 分	数据取某一时间点的统计数据，如评价开始前的月末数据

5.4 智能装备

5.4.1 智能化

本指标用于评价企业中智能化装备的配备情况以及装备的智能化程度，通过装备改造升级，为企业生产提供必要的感知、控制等基础。智能化评价指标见表7。

表7 智能化评价指标

指标编号	指标名称	计算方法	数据要求
L3P1-A1	装备智能化	分项分数=100×（b1×0.4+b2×0.3+b3×0.2+b4×0.1） b1：关键工序设备自动化和数字化率=关键工序自动化和数字化装备数量/装备总数×100%； b2：可人机交互的装备占比=具有人机交互接口的数字化装备数量/关键工序数字化装备总数×100%；	关键工序数控化装备包括高档数控机床与工业机器人、增材制造装备、智能传感与控制装备、智能检测与装配装备、智能物流与仓储装备； 可组态（配置）的装备指能够进行编辑配置的装备；

续表

指标编号	指标名称	计算方法	数据要求
L3P1-A1	装备智能化	b3：可组态（配置）的装备占比=具有可组态（配置）功能的装备数量/关键工序数字化装备总数×100%； b4：自主自适应的装备占比=具有自主自适应性的装备数量/关键工序数字化装备总数×100%	自主自适应的装备指具备分析、推理等功能，面对不确定的变化条件能够自动、自主调节，实现正常运转的装备。数据取某一时间点的统计数据，如评价开始前的月末数据

5.4.2 网络化

本指标用于评价企业网络化装备的配备情况及装备的联网程度，网络化评价指标见表8。

表8 网络化评价指标

指标编号	指标名称	计算方法	数据要求
L3P2-A1	设备联网率	分项分数=50×所填数值 企业现阶段接入业务系统（SCADA/DCS/MDC/DNC/MES等）设备总数占生产设备总数的百分比	统计企业所有设备联网数量
L3P2-A2	设备集成率	分项分数=50×所填数值 企业现阶段可以实现状态数据、生产过程数据、工艺数据与业务（SCADA/DCS/MDC/DNC/MES/ERP等）现实数据集成的设备总数占生产设备总数的比例	统计企业所有设备与系统集成水平

5.5 制造过程

5.5.1 设计

本指标用于评价企业的产品、工艺设计的智能化水平，通过设计工具数字化以及基于模型的设计应用与仿真优化，提升企业对产品个性化需求的快速满足水平。设计评价指标见表9。

表9 设计评价指标

指标编号	指标名称	计算方法	数据要求
L4P1-A1	三维数字化研发设计工具普及率	分项分数=20%×（b1+b2+b3+b4+b5） b1：使用三维CAD设计工具开展产品设计，满足得20分，否则得0分； b2：使用PDM开展产品数据管理，满足得20分，否则得0分； b3：使用CAE设计工具开展工艺设计，满足得20分，否则得0分； b4：使用CAPP设计工具开展辅助工艺过程设计，满足得20分，否则得0分； b5：使用CAM设计工具开展辅助过程设计，满足得20分，否则得0分	数据取某一时间点的统计数据，如评价开始的月末数据
L4P1-A2	基于模型的设计的应用情况	分项分数=20%×（b1+b2+b3+b4） b1：实现基于模型的产品设计，满足得30分，否则得0分； b2：实现基于模型的工艺设计，满足得30分，否则得0分；	数据取某一时间点的统计数据，如评价开始前的月末数据

续表

指标编号	指标名称	计算方法	数据要求
L4P1-A2	基于模型的设计的应用情况	b3：实现基于模型的检验设计，满足得25分，否则得0分； b4：实现基于模型的维修维护设计，满足得15分，否则得0分	数据取某一时间点的统计数据，如评价开始前的月末数据
L4P1-A3	仿真优化	分项分数=20%×（b1+b2+b3） b1：能实现零件功能性能仿真与优化，满足得30分，否则得0分； b2：能实现部件功能性能仿真与优化，满足得35分，否则得0分； b3：能实现产品数字样机功能性能仿真优化，满足得35分，否则得0分	数据取某一时间点的统计数据，如评价开始前的月末数据
L4P1-A4	协同设计	分项分数=20%×（b1+b2+b3+b4+b5+b6） b1：实现CAD、PDM、CAE、CAPP、CAM工具之间的集成，满足得20分，否则得0分； b2：实现不同零部件间的设计的协同，满足得20分，否则得0分； b3：实现产品设计与工艺设计的协同，满足得20分，否则得0分； b4：实现工艺与工装的协同，满足得15分，否则得0分	数据取某一时间点的统计数据，如评价开始前的月末数据
L4P1-A5	工艺优化	分项分数=20%×（b1+b2+b3+b4） b1：能基于离线优化平台实现工艺优化，满足得20分，否则得0分 b2：建立完整的工艺优化模型，能基于工艺优化模型实现工艺优化，满足得20分，否则得0分； b3：建立完整的工艺优化知识库，能基于知识库实现工艺优化，满足得20分，否则得0分； b4：能基于统一管理平台实现工艺的实时在线优化，满足得40分，否则得0分	数据取某一时间点的统计数据，如评价开始前的月末数据

5.5.2 生产

本指标用于评价企业生产过程的智能化情况，通过对环境、设备、流程、信息、能源等要素的管理与协同水平的提升，推进生产过程柔性化。生产评价指标见表10。

表10 生产评价指标

指标编号	指标名称	计算方法	数据要求
L4P2-A1	生产管理信息系统覆盖情况	分项分数=15%×b b：生产管理信息系统功能覆盖工序详细调度、资源分配和状态管理、生产单元分配、文档管理、产品跟踪和产品清单管理、性能分析、劳力资源管理、维护管理、过程管理、质量管理、数据采集核心生产环节，每满足一项得10分，满分100分	数据取某一时间点的统计数据，如评价开始前的月末数据

续表

指标编号	指标名称	计算方法	数据要求
L4P2-A2	生产过程信息实时追溯	分项分数=15%×(b1+b2) b1：能实现对生产进度、现场操作、质量检验、设备状态、物料传送等生产现场数据的自动采集，每满足一项得10分，否则得0分，满分50分； b2：能实现对生产进度、现场操作、质量检验、设备状态、物料传送等生产现场数据的自动处理分析及可视化管理，每满足一项得10分，否则得0分，满分50分	数据取某一时间点的统计数据，如评价开始前的月末数据
L4P2-A3	生产过程实时调度	分项分数=20%×(b1+b2+b3+b4+b5) b1：能够基于主生产计划自动生成物料需求计划、作业计划，满足得20分，否则得0分； b2：实现对生产设备的实时监控、故障自动预警和分析，关键设备能够自动调试和优化，完全满足得20分，部分满足得10分，否则得0分； b3：生产任务调度实现可视化，满足得20分，否则得0分； b4：能够基于环境变化对设备、人员、物料等生产资源进行实时调整调度，满足得20分，否则得0分； b5：能够实现产品质量在线自动检测、报警和分析诊断，满足得20分，否则得0分	数据取某一时间点的统计数据，如评价开始前的月末数据
L4P2-A4	能源消耗管理情况	分项分数=15%×(b1+b2+b3) b1：能够实现对主要用能设备的能耗监测，满足得25分，否则得0分； b2：能够对能耗情况进行分级考核，实现（三级计量）设备、工序、工段、车间、全厂的管控，满足得25分，否则得0分； b3：建立产耗预测模型，能够实现对用能需求、能源生产、能源消耗的实时采集、优化调度、平衡预测和有效管理，满足得50分，否则得0分	能源包括水、电、气（汽）、煤、油。数据取某一时间点的统计数据，如评价开始前的月末数据
L4P2-A5	设备管理	分项分数=20×(b1+b2) b1：关键装备运行模型覆盖率=(具有模型的关键装备数量/关键装备数量)×100%； b2：关键装备知识库覆盖率=(具有知识库的关键装备数量/关键装备数量)×100%	数据取某一时间点的统计数据，如评价开始前的月末数据
L4P2-A6	生产环境监控情况	分项分数=15%×(b1+b2) b1：依据生产的特点和需求，通过传感器实时监控生产环境，满足得50分，否则得0分； b2：通过信息系统实现环境的智能调节，满足得50分，否则得0分	环境监控包括了热感、烟感、温湿度、有害气体、粉尘等。数据取某一时间点的统计数据，如评价开始前的月末数据

5.5.3 物流

本指标用于评价企业厂内、厂外物流的智能化情况，通过仓储、物料配送、成品运输的管理与调度水平提升，推动物料及产成品配送的实时有效。物流评价指标见表11。

表 11 物流评价指标

指标编号	指标名称	计算方法	数据要求
L4P3-A1	仓储自动化	分项分数=40×（b1×0.25+b2×0.25+b3×0.25+b4×0.25） b1：自动化仓库设备及控制系统覆盖率=（自动化仓储设备出入库总量/所有仓库出入库总量）×100%； b2：自动输送分拣系统覆盖率=（应用自动化输送分拣系统出入库量/所有货物出入库总量）×100%； b3：自动配送率=（无人搬运车配送货品数量/配送货品总量）×100%； b4：自动装卸率=（自动装卸设备装卸货品数量/装卸货品总量）×100%	数据取某一时间点的统计数据，如评价开始前的月末数据
L4P3-A2	物料配送	分项分数=30%×（b1+b2） b1：采用二维码、条形码、电子标签、移动扫描终端等自动识别技术设施，实现对物品流动的定位、跟踪、控制等功能得 50 分； b2：车间物流根据生产需要实现自动挑选、实时配送和自动输送，得 50 分	数据取某一时间点的统计数据，如评价开始前的月末数据
L4P3-A3	厂外物流	分项分数=30×（b1×0.5+b2×0.5） b1：运输信息系统跟踪覆盖率=系统可跟踪的运输订单数量/运输订单总数量）×100%； b2：运输信息跟踪时效性=（实时系统跟踪运输订单数量/运输订单总数量）×100%	数据取某一时间点的统计数据，如评价开始前的月末数据

5.5.4 销售

本指标用于评价企业销售管理的智能化情况，基于销售数据挖掘，实现精准营销。销售评价指标见表 12。

表 12 销售评价指标

指标编号	指标名称	计算方法	数据要求
L4P4-A1	销售预测	分项分数=得分 （A 得分 0，B 得分 50，C 得分 80，D 得分 100） A. 不进行销售预测 B. 进行基本销售预测，按固定的周期，进行短期预测 C. 根据客户沟通协同，针对客户需求，实时调整预测周期，进行中长期预测 D. 深度挖掘和分析客户需求特征数据，建立销售预测模型，实现精准预测	数据取某一时间点的统计数据，如评价开始前的月末数据

5.5.5 服务

本指标用于评价企业由制造向服务转型的情况，通过对客户信息的挖掘、服务平台的建设及服务模式的转变，提升客户服务水平以及个性化定制服务水平。服务评价指标见表 13。

表 13 服务评价指标

指标编号	指标名称	计算方法	数据要求
L4P5-A1	服务平台建设情况	（离散型制造企业）分项分数=30%×（b1+b2） （流程型制造企业）分项分数=100%×（b1+b2） b1：建立客户服务平台，能与客户进行信息交互，满足得 50 分，否则得 0 分； b2：建立客户服务知识库，与客户关系管理系统集成，自动获取和匹配客户信息，满足得 50 分，否则得 0 分	数据取某一时间点的统计数据，如评价开始前的月末数据
L4P5-A2	个性化定制	分项分数=40%×（b1+b2+b3） b1：建立用户个性化需求信息平台，能对客户的个性化需求进行收集和处理，满足得 20 分，否则得 0 分； b2：建立个性化定制服务平台，与企业研发设计、计划排产、柔性制造、营销管理、供应链管理和售后服务等信息系统实现集成，满足得 30 分，否则得 0 分 b3：基于个性化定制服务平台，能够开展定制化服务，具备定制设计和柔性制造能力，实现生产制造与市场需求高度协同，满足得 50 分，否则得 0 分	此项指标只适用于评价离散型制造企业。数据取某一时间点的统计数据，如评价开始前的一年内的数据
L4P5-A3	运维服务	分项分数=30%×（b1+b2） b1：已建立远程运维服务平台，能对产品运行数据与用户使用习惯数据进行采集，满足得 50 分，否则得 0 分； b2：通过远程运维服务平台，能对产品提供在线检测、故障预警、预测性维护、运行优化、远程升级等服务，满足一项得 10 分，满分为 50 分	此项指标只适用于评价离散型制造企业。数据取某一时间段内的统计数据，如评价开始前的一年内的数据

注：流程型制造企业只需评价 L4P5-A1 指标

5.6 智能应用

5.6.1 融合共享

本指标用于评价企业数据管理与利用的情况，通过数据来提升决策与优化能力。融合共享评价指标见表14。

表14 融合共享评价指标

指标编号	指标名称	计算方法	数据要求
L5P1-A1	数据标准化	分项分数=25%×（b1+b2+b3） b1：建立统一的编码制度，满足得30分，否则得0分； b2：搭建企业数据统一模型，满足得35分，否则得0分； b3：建立数据管理统一平台，满足得35分，否则得0分	编码制度包括产品、物料、资产、组织、人员、供应商、客户代码、接口。数据取某一时间点的统计数据，如评价开始前的月末数据
L5P1-A2	数据共享	分项分数=25×b b：部门间数据共享率=（制定数据共享目录并提供共享的部门数量/部门总数量）×100%	制定数据共享目录并提供共享的部门数量是指制定了部门职责范围内的数据共享目录将非密数据全部共享给其他部门。数据取某一时间点的统计数据，如评价前的月末数据
L5P1-A3	数据分析与利用	（离散型）分项分数=50%×b1 b1：具备以下7个方面的数据开发应用案例，包括数字化设计、装备智能化升级、工艺流程优化、精益生产、可视化管理、质量控制与追溯、智能物流，每实现2个及以上开发应用案例得20分，满分100分； （流程型）分项分数=50%×b2 b2：具备以下7个方面的数据开发应用案例，包括生产过程动态优化、资源配置、工艺优化、过程控制、产业链管理、节能减排、安全生产，每实现2个及以上开发应用案例得20分，满分为100分	开发应用案例应是评价开始前1年内，利用主要基础信息资源分析预测、优化方案，并按方案实施并正式运营3个月以上的案例数量

5.6.2 系统集成

本指标用于评价企业应用的控制系统、软件系统等的覆盖与集成情况，通过集成范围与深度的提升，推动企业各系统间的协同。系统集成评价指标见表15。

表15 系统集成评价指标

指标编号	指标名称	计算方法	数据要求
L5P2-A1	系统覆盖率	分项分数=b1+b2+b3+b4+b5+b6+b7+b8 b1：具备SCADA或PIMS（生产信息管理系统）得20分； b2：实现MES与PDM/PLM的集成，满足得10分，否则得0分； b3：实现MES与SCADA/DCS的集成，满足得10分，否则得0分； b4：实现MES与SCM的集成，满足得10分，否则得0分； b5：实现ERP与PLM/PDM的集成，满足得10分，否则得0分；	数据取某一时间点的统计数据，如评价开始前的月末数据

续表

指标编号	指标名称	计算方法	数据要求
L5P2-A1	系统覆盖率	b6：实现 ERP 与 SCM 的集成，满足得 10 分，否则得 0 分； b7：实现 ERP 与 CRM 的集成，满足得 10 分，否则得 0 分； b8：实现 SCM、ERP、PDM、MES、WMS 的全集成，满足得 30 分，否则得 0 分	数据取某一时间点的统计数据，如评价开始前的月末数据

5.6.3 优化升级

本指标用于评价企业持续优化升级情况。优化升级评价指标见表 16。

表 16 优化升级评价指标

指标编号	指标名称	计算方法	数据要求
L5P3-A1	优化升级	分项分数=b1+b2+b3 b1：能够实现资源、设计能力、生产能力、市场需求等方面的协同共享，每满足一项得 15 分，否则得 0 分，满分为 60 分； b2：实现部门间的协同共享，能够提供 2 个以上案例，满足得 15 分，否则得 0 分； b3：实现与上下游企业间的协同共享，能够提供 2 个以上案例，满足得 25 分，否则得 0 分	数据取某一时间段内的统计数据，数据取评价开始前一年内的数据

附 录 A
（规范性附录）
智能制造评价指数使用指南

A.1 概述

为增强本标准的适用性和可操作性，附录 A 给出了智能制造评价指数评价过程和计算方法。旨在全面衡量并真实反映一定时期内企业智能制造的水平，简明直观、客观公正地分析我国制造业智能制造发展态势。

A.2 使用说明

A.2.1 评价过程

评价过程如图 A.1 所示。

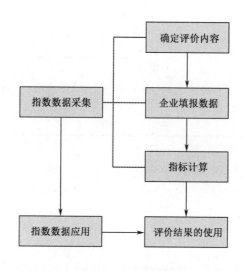

图 A.1 评价过程

A.2.2 确定评价内容

企业选择评价的内容，主要取决于企业制造工艺的过程特点，选择离散型制造业或流程型制造业。在此基础上，企业可结合行业特点，选取适宜的指标进行评价，分析本行业的智能制造发展态势。

A.2.3 企业填报数据

企业可通过问卷、平台等方式填报各项评价指标，应真实、完整。企业可在策划的时期内进行多次评价，通过评价结果反映出企业在一定时期内智能制造水平变更的情况。

A.2.4 指标计算

A.2.4.1 指标权重

一级指标及二级指标权重见表 A.1。

表 A.1 一级指标及二级指标权重

一级指标名称 A_i	一级指标权重	二级指标名称 x_i	二级指标权重 α_i
战略与组织	5%	智能制造战略	40%
		投资	20%
		人员	20%
		创新	20%
智能装备	15%	智能化	50%
		网络化	50%
互联互通	10%	网络环境	50%
		工业信息安全	50%
制造过程	35%	设计	28%（14%）
		生产	40%（51%）
		物流	14%（17%）
		销售	11%（11%）
		服务	7%（7%）
智能应用	15%	融合共享	34%（46%）
		系统集成	33%（40%）
		优化升级	33%（14%）
行业指标与企业指标	20%	行业指标或企业指标	100%
注：括号内权重值为流程型制造企业二级指标权重值，未标注的适用于离散型制造业和流程型制造业			

A.2.4.2 计算方法

二级指标得分的计算方法已在标准正文中规定。

一级指标得分是该项一级指标下的二级指标得分的加权求和，一级指标得分计算公式为：

$$一级指标得分 = \sum(二级指标权重值 \times 二级指标得分) \quad \cdots\cdots (1)$$

企业指数得分是所有一级指标得分的加权求和，企业指数得分计算公式为：

$$企业指数得分 = \sum(一级指标权重值 \times 一级指标得分) \quad \cdots\cdots (2)$$

A.3 评价结果的使用

A.3.1 企业应用

制造企业结合实际情况进行打分判断，企业的智能制造评价结果，应综合过程类及成效类指标的评价结果，最终加权求和确认为企业智能制造评价分数。企业可在适宜的时间内，进行全面系统的评价，根据本标准的指标内容，可评价企业实施智能制造的结果，并参考行业总体现状和发展趋势，在企业战略规划下明确其智能制造发展重点和方向，参考智能制造能力成熟度模型提供的演进路径，实现智能制造能力的提升。

A.3.2 行业应用

结合离散型制造业和流程型制造业的特点，本标准在过程类指标中设置了不同权重值。为增强本标准在工业领域各行业中的适用性和可操作性，不同行业可依据自身特点和需求，对本标准中的评价指标内容进行选择或细化。

各行业可基于企业智能制造评价指数数据的采集，形成不同行业的智能制造评价指数数据。通过数据的统计和分析，识别出某个行业在一定时期内智能制造发展水平，简明、客观地分析本行业的智能制造发展态势，形成行业的数据地图。

A.3.3　政府主管部门应用

各级主管部门可通过企业评价指数数据的积累，分行业、分地区总结分析一定时期内的智能制造水平，为遴选智能制造试点示范企业提供科学依据和评价准则。

成果三

离散型智能制造能力建设指南

前　言

本标准按照GB/T 1.1—2009给出的规则起草。
本标准由工业和信息化部提出。
本标准由工业和信息化部（电子）归口。

离散型智能制造能力建设指南

1 范围

本标准规定了离散型制造企业智能制造能力建设的框架、领导作用、策划、支持、实施与运行、评测、改进等内容，给出了离散型制造企业进行智能制造能力建设的方法。

本标准适用于为离散型制造企业开展智能制造能力建设提供相关咨询、培训及评定等服务的人员和机构，以及制定相关标准的人员。

2 规范性引用文件

下列文件对于本文件的应用是必不可少的，凡是注日期的引用文件，仅注日期的版本适用于本文件。凡是不注日期的引用文件，其最新版本（包括所有的修改单）适用于本文件。

GB/T 智能制造能力成熟度模型

GB/T 智能制造能力成熟度评估方法

3 术语和定义

下列术语和定义适用于本文件。

3.1

离散型制造企业　discrete manufacturing enterprise

使用机器（机床）对工件外形进行加工，再将不同的工件组装成具有某种功能的产成品的制造企业。

3.2

生命周期　life-cycle

从产品类型开发阶段开始到产品废弃结束的时间长度。

[IEC 62890，定义 3.1.21]

3.3

智能制造　intelligent manufacturing

基于新一代信息通信技术与先进制造技术深度融合，贯穿于设计、生产、管理、服务等制造活动的各个环节，具有自感知、自学习、自决策、自执行、自适应等功能的新型生产方式。

3.4

资源要素 resource element

企业生产时所需要使用的资源或工具及其数字化模型。

3.5

互联互通 interconnection and interworking

通过有线、无线等通信技术，实现装备之间、装备与控制系统之间、企业之间相互连接及信息交换功能。

3.6

融合共享 fusion and sharing

在互联互通的基础上，利用云计算、大数据等新一代信息通信技术，在保障信息安全的前提下，实现信息协同共享。

3.7

系统集成 system integration

企业实现从智能装备到智能生产单元、智能生产线、数字化车间、智能工厂，乃至智能制造系统的集成过程。

3.8

决策优化 decision optimization

企业利用数据处理技术对产品全生命周期内各种数据进行分析并对影响KPI目标的因素进行优化的过程。

4 缩略语

下列缩略语适用于本文件。
KPI：关键绩效指标（Key Performance Indicator）
AGV：自动导引运输车（Automated Guided Vehicle）
ERP：企业资源计划（Enterprise Resources Planning）
MES：制造执行系统（Manufacturing Execution System）
PDCA：策划、实施、检查、改进（Plan、Do、Check、Adjust）
RFID：无线射频识别（Radio Frequency Identification）
SCADA：数据采集与监视控制系统（Supervisory Control And Data Acquisition）
WMS：仓库管理系统（Warehouse Management System）

5 离散型智能制造能力建设框架

离散型制造企业应从企业智能制造战略出发，应用PDCA过程方法，从生命周期各阶段对资源要素、互联互通、融合共享、系统集成和决策优化等方面进行能力建设。其中，生命周期一般由设计、生产、物流、销售、服务等五个阶段组成。PDCA 在离散型智能制造能力建设中应用的框架图如图 1 所示。

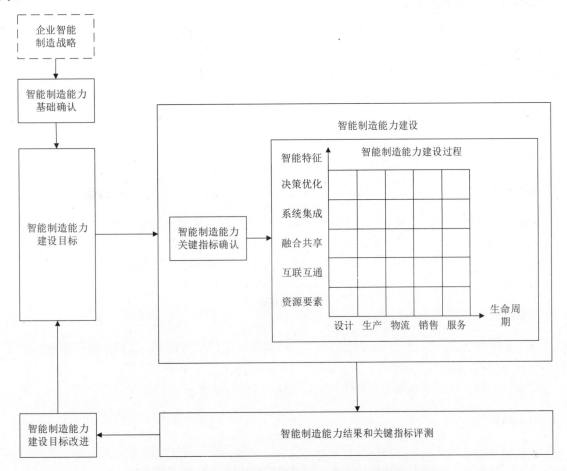

图 1　PDCA 在离散型智能制造能力建设中应用的框架图

6　智能制造能力建设方法

6.1　智能制造能力建设目标

离散型制造企业应制定智能制造能力建设目标，可从企业智能制造战略出发，通过智能制造能力基础确认，制定关注数字化、网络化、智能化等适合企业发展的智能制造能力建设目标。

6.2　智能制造能力建设

离散型制造企业应确认智能制造能力关键指标，可通过智能制造能力建设目标。

离散型制造企业应通过开展智能制造能力建设过程，完成预定智能制造能力关键指标。

6.3　智能制造能力结果和关键指标评测

离散型制造企业应按照《智能制造能力成熟度模型》和《智能制造能力成熟度评估方法》的要求，依据离散型制造企业行业特性，制定适合离散型制造企业的智能制造能力建设评价体系，评价体系应包含评测标准、关键指标、评估方法、实施规则等内容。

离散型制造企业应对已完成智能制造能力建设后的智能制造能力建设结果和关键指标进行评测。

6.4 智能制造能力建设目标改进

离散型制造企业应根据智能制造能力评测结果，确定是否存在持续改进的需求和机会。

离散型制造企业宜通过评测结果和智能制造能力建设初始目标确定建立新的智能制造能力建设目标，可考虑对离散型制造企业智能制造能力建设评价体系的适应性、充分性、有效性。

7 智能制造能力建设过程

7.1 设计

7.1.1 资源要素

宜建立基于模型定义的产品模型，可通过将设计信息和制造信息共同定义到产品三维数字化模型中的方式，确保设计、制造流程中数据的唯一性和产品定义信息的完整表达。

宜建立设计方案迭代优化机制，可使用产品模块化设计、并行设计的方法。

宜建立设计图纸、文档、参数的管理机制，可采用无纸化等技术。

7.1.2 互联互通

宜建立产品数据管理系统，可通过对设计准则、关联定义、二维制图、三维制图和制造信息等一致性的产品数据进行统一管理的方式。

宜建立产品设计信息交换和相互协同机制，可采用有线、无线等通信技术。

7.1.3 融合共享

宜建立特征参数可变的参数化模型数据库，包括产品原型库和变型设计库，可根据新产品设计情况动态更新，将原设计方案与变型设计方案进行集成、迭代积累，丰富原型库。

宜建立信息化系统，可通过将项目信息、明细、产品设计要求、产品设计信息、工艺信息等共享的方式实现。

宜建立产品设计方案优化机制，可使用数字化仿真软件进行仿真优化的方法。

7.1.4 系统集成

宜建立设计仿真系统集成平台，可通过将设计数据、仿真验证数据进行统一管理、实时共享以及设计与生产系统集成的方式。

宜建立企业间、集团内产品信息统一收集和分析机制，可通过建立产品全生命周期管理系统和平台的方式实现。

7.1.5 决策优化

宜建立设计人员创新优化机制，可通过采用大数据分析技术辅助设计人员进行数据库搜索，加快产品原型建立及相关工艺知识搜索速度的方式。

宜建立设计动态优化机制，可通过采用人工智能等技术对设计仿真模型、边界条件、结果求解等内容进行计算仿真的方式实现。

宜建立产品大数据库，可通过采集产品生命周期各阶段的数据，形成和丰富知识工程，在大数据和工程知识支撑下，实现对需求的快速智能设计和仿真优化。

7.2 生产

7.2.1 资源要素

宜建立人员信息的数字化采集系统，可采用身份认证、RFID、指纹识别、面部识别等技术。

宜建立各类人员信息的行为记录和绩效管理系统，可通过生产记录装置或交互式生产看板进行人员信息收集。

宜建立设备数据的实时采集及状态监控系统，可通过使用数字化设备或在非数字化设备上加装传感器的方式。

宜建立数字化物料及在制品追踪系统，可采用RFID、条码等自动识别技术。

宜建立生产操作的数字化辅助系统，可制作数字化作业指导书。

宜建立现场信息的实时采集系统，可采用生产数据采集与监控技术。

宜建立工艺指标数据库，可采用工艺运行数据、关键质量指标、控制单元参数等在线收集的方式。

宜建立能源管理数据库，可使用谁数字化计量装置对水、电、气、热等能源进行统计。

7.2.2 互联互通

宜建立人机交互系统，可使用终端交互装置辅助操作人员实现生产、设备、物料数据的巡视、检验、分析和应急处理。

宜建立数据自动采集系统，可通过使用基础网络设施、工业总线、SCADA系统实现工厂内的异构数据采集，为MES、WMS管理系统的数据实时监控和数据分析发布管理提供数据支持。

宜建立生产现场的异常报警及呼叫系统，可通过建立制造执行系统与各个现场管理系统之间信息交互机制的方法。

宜建立采购计划实时优化系统和生产计划实时优化系统，可通过集成ERP系统、MES系统、实时数据库，实现实时优化更新的方式。

宜建立工厂内部的信息集成和资源共享系统，可通过确定以车间为单元的标准化信息接口的方式。

宜建立厂区内所有空间的三维可视化仿真模型，可采用数字化建模的方法进行生产环境监管和危险存储环境监控。

7.2.3 融合共享

宜建立设备在线运行分析、故障报警系统，可应用移动计算机和网络技术采集数据、采用状态分析方法判断指标变化。

宜建立产品全生命周期质量管理系统，可通过信息流传递技术及构建系统总体架构的方法。

宜建立能源综合管理平台，可通过收集和确认的能源数据，对全企业的能源运行数据进行归集和统计，形成统计报表，并与公司、集团、地方政府能源数据应用需求进行对比。

7.2.4 系统集成

宜建立数据质量分析系统，可通过MES作业计划系统实时跟踪质量状态功能，并对产品质量进行判定和分析。

宜建立信息综合管控平台，可结合生产模型构建制造链、设计链和供应链的集成。

宜建立确保生产执行、质量管控、设备管理、物料管理等职能部门间需求联动响应的信息系统集成平台。

宜建立工业网络平台，可通过集成企业资源计划系统、制造执行系统、供应链管理系统、仓库管理系统等系统的方式。

宜建立企业全车间管理平台，可应用仿真优化、大数据分析等技术对全企业的物料、生产、质量、成本、交期等进行预测和优化。

7.2.5 决策优化

宜建立操作员可使用的生产操作辅助系统，可采用视觉辅助、专家机器人指导等技术手段。

宜建立智能采购管理系统，可通过库存智能分析优化的方式。

宜建立可供应商系统管理平台，可结合供应商数据库通过分析优化的方法实现。

宜建立设备状态的智能预测及产能对策动态调整系统，可通过与历史设备数据分析比对，优化分析的方法进行预测。

7.3 物流

7.3.1 资源要素

宜建立物流要素统一编码管理机制，可通过统一规划结构数据文件的方式施行。物流要素可包含需求监控、定单处理、配送、存货控制、运输、仓库管理、工厂和仓库的布局与选址、搬运装卸、采购、包装、情报等。

宜建立分拣配送环节能力采集机制，可通过使用数字化机器人或者在原有机器人上加装数字化传感器的方式。

7.3.2 互联互通

宜建立物料全流程追溯系统，可采用条码及二维码识别、RFID等识别和传感技术。

宜建立运输和调度管理优化机制，对内部物流调度规划，可采用数字化仿真技术对内部物流进行数字化模拟仿真，得到最短路径和最佳配送路线。

宜建立工厂内部的标准化异构网络环境规范，可通过统一物流系统网络环境架构及兼容不同网络的方式。

7.3.3 融合共享

宜建立仓库管理系统和仓库控制系统，可综合物流仓储和配送的实时状态及仓储配送知识库，迭代优化仓储配送方案。

宜建立物流信息综合管控系统，可收集物流实时信息，辅助物流人员准确感知物流状态、精确分配物流任务、精确控制物流作业。

宜建立物流运输管理系统与仓储管理系统的信息共享系统，整合订单管理、运输计划、调度管理、出入库和场外物流运输过程，可采用工业网络技术。

宜建立企业内、企业间的生产部门和物流部门的信息共享系统，实时在线共享半成品/成品生产情况及配送情况的信息，最终实现物流配送的协同。

7.3.4 系统集成

宜建立物流统一平台，可通过集成企业资源计划系统、制造执行系统、供应链管理系统、仓库管理系统等系统的方式。

宜建立物流配送处理系统，可协同处理和优化企业内和企业间的物料入库、物料存储、物料出库、物料配送。

宜建立供应链管理服务平台，提供供应链管理服务平台的设计、开发及实施等功能，可采用新一代信息技术实现供应链业务的整合与协同。

7.3.5 决策优化

宜建立仓储管理和调度规划优化机制，可采用人工智能等技术辅助优化路径及方案。

宜建立物流设备使用率分析机制，可通过对AGV等物流设备进行智能化规划的方法实现。

宜建立物流自适应、自优化管理机制，可通过历史数据计算优化仓储和配送过程。

7.4 销售

7.4.1 资源要素

宜建立统一的产品数据描述方法和信息系统，可考虑市场环境、市场基本状况、销售可能性、消费者及消费需求、企业产品、产品价格、影响销售的社会和自然因素、销售渠道等因素。

宜建立统一的销售管理平台，可通过销售区域、产品定位、销售数量等数据的数字化管理。

宜建立订单跟踪系统，可采用对订单跟踪订单号、产品信息、收货信息、快递状态、订单信息、备注信息进行统一编码的方法实现。产品信息可考虑编号、品名、单位、单价、类别、产地以及说明等因素，订单信息可考虑订单编号、产品编号、产品数量、客户编号、联系人、联系电话、送货地址、下单日期以及说明等因素。

7.4.2 互联互通

宜建立销售与设计、生产、物流等各环节间的互通机制，可采用 ERP 订单功能组件与 MES 组件交互、ERP 订单功能组件与仓库管理系统功能组件间交互的方法。

宜建立对客户相关信息统一管理的客户管理系统，可通过客户信息管理系统实现。

宜建立核心客户识别及客户关系维护平台，可通过集成客户关系管理系统与企业ERP系统的方式。

宜建立可实时调用销售数据的销售管理系统。

7.4.3 融合共享

宜建立实现网络布局优化和整体资源优化系统，可采用通过考虑市场需求、经营情况和资源情况等因素优化上游资源选择配比和产品流向等方法实现。

宜建立离散型制造企业内部及企业间协同共享系统，可通过共享市场需求、市场数据和市场预测等数据的方法实现。

7.4.4 系统集成

宜建立企业内和企业间的订单、仓储、运输等因素的整体物流信息系统。

宜建立销售部门与客户间的信息沟通平台，可通过订单信息实时更新反馈至客户，客户要求及时反馈至设计生产部门的方式实现。

宜建立订单信息的动态调整维护机制，可通过订单信息的实时更新发送的方式实现。

7.4.5 决策优化

宜建立订单管理自决策自执行系统，可采用历史数据分析计算辅助客户关系管理系统。

宜建立产品全生命周期管理系统，可结合销售动态数据库和库存情况进行数据分析实现。

宜建立企业层面的采购、销售、工厂安全、环保、健康、能源等优化系统，可基于知识搜索和模型优化的方法。

7.5 服务

7.5.1 资源要素

宜建立用户数据库，可使用智能化装备或在非数字化装备上加装数字传感器进行数据采集的方法。

宜建立用户可视化数字化现场系统，可通过采用新型传感器、数字化仪表和精密仪器等新型产品的方式。

宜建立统一的线上线下客户服务平台和客户服务规范体系，可采用统一化客户服务要求、规范及服务满意度评价制度等方法。

7.5.2 互联互通

宜建立统一智能装备/产品远程运维服务平台与设备制造商的产品全生命周期管理系统、客户关系管理系统、产品研发管理系统，可采用信息共享技术。

宜建立产品全生命周期信息系统，可考虑产品全生命周期设备、产品实际生产数据等因素。

宜建立厂区内全空间基于可视化三维仿真模型的可交互指令并处理的系统，可应用数字化仿真、移动计算机和网络技术。

7.5.3 融合共享

宜建立产品全生命周期关键数据共享机制，可采用新一代信息通信技术实现。

宜建立专家库和专家咨询系统，可根据共享数据为客户提供运行维护解决方案。

7.5.4 系统集成

宜建立集成企业资源计划系统和产品数据管理系统的信息分析系统。

宜建立客户关系维护系统，可采用客户信息数字化信息采集和大数据辅助用户习惯分析等技术。

7.5.5 决策优化

宜建立智能装备/产品远程运维服务平台相应的专家库和专家咨询系统。

宜建立集成的售后服务平台，可通过对产品全生命周期数据综合分析优化的方式实现。

宜建立智能客服系统，可采用自然语言交互、信息处理、数据挖掘等方式实现。

成果四

流程型智能制造能力建设指南

前 言

本标准按照GB/T 1.1—2009给出的规则起草。
本标准由工业和信息化部提出。
本标准由工业和信息化部(电子)归口。

流程型智能制造能力建设指南

1 范围

本标准规定了流程型制造企业智能制造能力建设的框架、领导作用、策划、支持、实施与运行、评测、改进等内容，给出了流程型制造企业进行智能制造能力建设的方法。

本标准适用于为流程型制造企业开展智能制造能力建设提供相关咨询、培训及评定等服务的人员和机构，以及制定相关标准的人员。

2 规范性引用文件

下列文件对于本文件的应用是必不可少的，凡是注日期的引用文件，仅注日期的版本适用于本文件。凡是不注日期的引用文件，其最新版本（包括所有的修改单）适用于本文件。

GB/T 智能制造能力成熟度模型

GB/T 智能制造能力成熟度评估方法

3 术语和定义

下列术语和定义适用于本文件。

3.1

流程型制造企业 process manufacturing enterprise

被加工对象通过不间断地生产过程，在规定工艺下化学反应或物理变化，最终得到某种功能的产成品的制造企业。

3.2

生命周期 life-cycle

从产品类型开发阶段开始到产品废弃结束的时间长度。

[IEC 62890，定义 3.1.21]

3.3

智能制造 intelligent manufacturing

基于新一代信息通信技术与先进制造技术深度融合，贯穿于设计、生产、管理、服务等制造活动的各个环节，具有自感知、自学习、自决策、自执行、自适应等功能的新型生产方式。

3.4
资源要素 resource element

企业生产时所需要使用的资源或工具及其数字化模型。

3.5
互联互通 interconnection and interworking

通过有线、无线等通信技术，实现装备之间、装备与控制系统之间、企业之间相互连接及信息交换功能。

3.6
融合共享 fusion and sharing

指在互联互通的基础上，利用云计算、大数据等新一代信息通信技术，在保障信息安全的前提下，实现信息协同共享。

3.7
系统集成 system integration

企业实现从智能装备到智能生产单元、智能生产线、数字化车间、智能工厂，乃至智能制造系统的集成过程。

3.8
决策优化 decision optimization

企业利用数据处理技术对产品全生命周期内各种数据进行分析并对影响KPI目标的因素进行优化的过程。

4 缩略语

下列缩略语适用于本文件。
CRM：客户关系管理（Customer Relationship Management）
DCS：分布式控制系统（Distributed Control System）
ERP：企业资源计划（Enterprise Resources Planning）
KPI：关键绩效指标（Key Performance Indicator）
LIMS：实验室信息管理系统（Laboratory Information Management System）
MES：制造执行系统（Manufacturing Execution System）
OPC UA：用于过程控制的对象连接与嵌入统一架构（OLE for Process Control Unified Architecture）
PDCA：策划、实施、检查、改进（Plan、Do、Check、Adjust）
SCM：供应链管理（Supply Chain Management）
TSN：时间敏感网络（Time Sensitive Networking）

5 流程型智能制造能力建设框架

流程型制造企业应从企业智能制造战略出发，应用PDCA过程方法，从生命周期各阶段对资源要素、互联互通、融合共享、系统集成和决策优化等方面进行能力建设。其中，生命周期一般由设计、生产、物流、销售、服务等五个阶段组成。PDCA 在流程型智能制造能力建设中应用的框架图如图 1 所示。

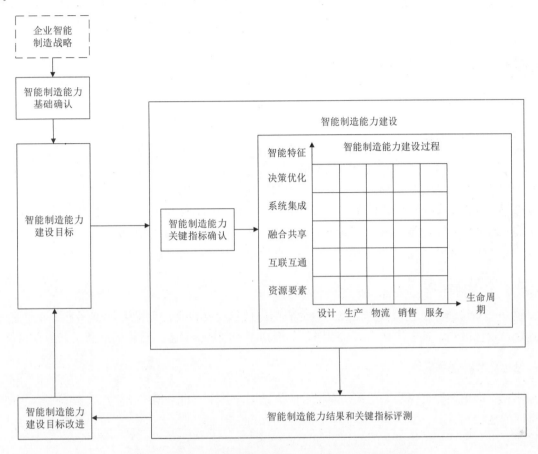

图 1　PDCA 在流程型智能制造能力建设中应用的框架图

6　智能制造能力建设方法

6.1　智能制造能力建设目标

流程型制造企业应制定智能制造能力建设目标，可从企业智能制造战略出发，通过智能制造能力基础确认，制定关注数字化、网络化、智能化等适合企业发展的智能制造能力建设目标。

6.2　智能制造能力建设

流程型制造企业应确认智能制造能力关键指标，可通过智能制造能力建设目标。

流程型制造企业应通过开展智能制造能力建设过程，完成预定智能制造能力关键指标。

6.3　智能制造能力结果和关键指标评测

流程型制造企业应按照《智能创造能力成熟度模型》和《智能制造能力成熟度评估方法》的要求，依据流程型制造企业行业特性，制定适合流程型制造企业的智能制造能力建设评价体系，评价体系应包含评测标准、关键指标、评估方法、实施规则等内容。

流程型制造企业应对已完成智能制造能力建设后的智能制造能力建设结果和关键指标进行评测。

6.4 智能制造能力建设目标改进

流程型制造企业应根据智能制造能力评测结果，确定是否存在持续改进的需求和机会。

流程型制造企业宜通过评测结果和智能制造能力建设初始目标确定建立新的智能制造能力建设目标，可考虑对流程型制造企业智能制造能力建设评价体系的适应性、充分性、有效性。

7 智能制造能力建设过程

7.1 设计

7.1.1 设计环节资源要素

产品及工艺设计应符合相关法律法规和生产能力的规定。
宜建立规范的配方设计机制，可采用工艺标准数据资源库实现。
宜建立工艺配方的全数字化管理。
宜建立项目设计交付期资料的完整性和一致性管理，可采用无纸化等技术。
宜建立工艺查询和关系管理、版本和变更管理的统一存储，可采用工艺知识库实现。

7.1.2 设计环节互联互通

宜建立产品设计和工艺流程方案在全生命周期内信息交互机制，可采用有线、无线等通信技术。
宜建立设计准则、关联定义、二维制图、三维制图和制造信息等一致性的产品工艺数据系统。

7.1.3 设计环节融合共享

宜建立生产工艺数据库与工艺数据库平台的信息协同共享，可采用工艺生产大数据平台实现对工艺数据库的迭代。
宜建立工艺设计与销售服务的信息共享反馈机制。

7.1.4 设计环节系统集成

宜建立支持动态组合设计机制，可通过建立企业内与企业外共享的工艺知识库和设计规则库，采用信息交互技术实现。
宜结合企业内部各自优势资源，建立设备、控制、车间、企业、协同等系统层工艺设计的动态优化集成。

7.1.5 设计环节决策优化

宜建立工艺创新推理及在线自主优化机制，可依据生产、物流、销售、服务等数据采用大数据分析的方法实现。

7.2 生产

7.2.1 生产环节资源要素

宜建立各类人员信息的行为记录和绩效管理系统，可通过生产记录装置或交互式生产看板进行人员信息收集。人员主要包含生产操作、管理人员、工艺管理人员、流程管控人员、能源管理人员、质量监控人员、信息系统集成调优人员等。
宜建立设备数字化能力，可采用传感器、射频识别等技术自动获取设备状态信息、生产计划信息、设备综合利用信息、备件信息的方式实现。

宜建立标准化物料管理系统，可通过对在制品、物料需求、库存信息进行统一编码实现。

宜建立工艺指标数据库，可采用收集工艺运行数据、关键质量指标、控制单元参数的方式构建数字化工艺指标管理系统。

宜建立能源管理数据库，可使用计量装置对水、电、气、热等能源进行数字化统计。

宜建立工厂、车间、设备的虚拟模型，可采用数字化建模的方法对连续生产流程进行可视化管理。

7.2.2 生产环节互联互通

宜建立人机交互系统，可使用终端交互装置实现连续性生产流程的巡视、检验、分析和应急处理。

宜建立工艺管理系统，可采用数据字典和模型等技术实现工艺信息和设备状态信息在化学反应环境与工艺要求的一致性。

宜建立数据自动采集系统，可采用工业以太网和现场总线技术，通过以OPC UA结合TSN的方式，实现流程型工厂内的异构数据采集。

宜建立生产管控系统，可通过ERP系统、MES系统、DCS系统、实时数据库集成的方式实现装置反应数据的统一管理和控制参数的下发。

7.2.3 生产环节融合共享

宜建立设备在线运行分析机制，可采用移动计算机和网络技术实现为现场生产设备维护方案提供数据支撑。

宜建立产品质量管理数据库，可采用各类传感器收集各工艺参数控制点的质量数据，结合LIMS融合的专用分析检测仪器检测结果控制质量。

宜建立能源综合管理平台，可通过对流程生产各环节的能源运行数据进行归集和统计形成统计报表。

7.2.4 生产环节系统集成

宜建立生产计划协同系统，可通过使用集成MES、LIMS、ERP等系统生产数据的方式生成合理生产计划、调度计划。

宜建立在线质量监控体系，可采用覆盖原材料到成品全过程的在线检测和实验室仪器检测。

7.2.5 生产环节决策优化

宜建立质量优化机制，可通过LIMS输出的检测数据调整控制阀、反应装置的执行参数和生产计划。

宜建立先进控制系统，可通过生产工艺模型和实际生产状态，动态调整工艺参数使工艺反应效果维持在设计水平。

7.3 物流

7.3.1 物流环节资源要素

宜建立库存管理系统，可结合工艺配方和设备情况合理规划原料的存储位置。

宜建立物料编码系统，可建立对批次原料的统一编码，对固体产成品入库、出库、移库、升降级等各种操作实现事件级的记录与管理。

7.3.2 物流环节互联互通

宜建立物流追溯系统，可通过基础网络设施和统一编码实现物料、成品信息等物料信息的实时反馈以及相应物流设备的互联。

7.3.3 物流环节融合共享

宜建立物流配送系统与ERP订单协同机制,可通过对生产现状库存情况、配送时长等数据的分析实现。

7.3.4 物流环节系统集成

宜建立物流生产同步机制,可通过将物料流转信息反馈到生产单元的方式实现物流信息与生产信息的同步。

宜建立供应链管理平台,可采用供应链管理平台与物流系统、资源管理系统集成的方式实现供应链信息在设备、控制、车间、企业、协同层的集成。

7.3.5 物流环节决策优化

宜建立供应链物流优化机制,可采用数据分析实现物流调度的智能决策以及供应链的动态优化。分析内容主要包含物流和供应链模型等。

7.4 销售

7.4.1 销售环节资源要素

宜建立统一的数据描述方法和信息系统,可包括市场环境、市场基本状况、销售可能性、消费者及消费需求、企业产品、产品价格、影响销售的社会和自然因素、销售渠道等因素。

宜建立统一存储的销售管理平台,可采用销售数据和销售订单、分销商、客户信息等数据实时调用的方法实现,销售数据可考虑销售区域、产品定位、销售数量等因素。

宜建立订单跟踪系统,可采用对订单跟踪订单号、产品信息、收货信息、快递状态、订单信息、备注信息进行统一编码的方法实现。产品信息可包括编号、品名、单位、单价、类别、产地以及说明等因素,订单信息可包括订单编号、产品编号、产品数量、客户编号、联系人、联系电话、送货地址、下单日期以及说明等因素。

7.4.2 销售环节互联互通

宜建立销售与设计信息、生产信息、物流信息的互通机制,可采用ERP订单功能组件与MES生产计划功能组件之间、ERP订单功能组件与SCM产品供应链功能组件之间信息互通的方法。

宜建立对客户相关信息统一管理的客户管理系统,可通过CRM来实现。

7.4.3 销售环节融合共享

宜建立实现网络布局优化和整体资源优化系统,整体资源包含市场需求、经营情况和资源情况等因素,可采用通过优化上游资源选择配比和产品流向等方法实现。

宜建立流程型制造企业内部及企业间协同共享系统,可考虑对市场需求、市场数据和市场预测等因素的分享与协同分析的方法实现。

7.4.4 销售环节系统集成

宜建立企业内和企业间的订单、仓储、运输等因素的有机整体物流信息系统。

宜建立订单管理系统,实现订单信息、仓储库存信息和生产管理信息的实时更新和调用。

销售部门宜建立业务部门与客户信息沟通通道,实现订单相关的处理信息反馈至客户和客户的产品设计需求信息及时反馈到业务部门。

销售部门宜建立订单销售动态调整维护机制,可通过对销售产品的报价记录进行增加或修改等方法实现,可考虑记录物品代码、货币代码、销售计量单位、价格类型、价格等信息,报价序号等因素。

7.4.5 销售环节决策优化

销售部门宜建立整体利益最大化的机制,可采用对企业价值链各关键环节利益加权的方法实现整体利益最大化。

7.5 服务

7.5.1 服务环节资源要素

宜建立实际运行状态可追溯机制,可采用对产品进行唯一编码的方法。
宜建立设备故障维护方法知识库。
宜建立客户服务规范体系,可采用统一对客户服务要求、客户反馈渠道及服务满意度评价进行数字化处理技术。

7.5.2 服务环节互联互通

宜建立线上客户服务通道,可通过工业通信软件实现。
宜建立产品全生命周期信息系统,可考虑产品全生命周期设备、产品实际生产数据等因素。
宜建立设备全生命周期运维系统,可考虑设备物联、系统互联、人机交互、数据融合等因素,实现设备全生命周期管理。

7.5.3 服务环节融合共享

宜建立产品全生命周期关键数据共享机制,可采用新一代信息通信技术实现。
宜建立专家库和专家咨询系统,可根据共享数据为客户提供运行维护解决方案。

7.5.4 服务环节系统集成

宜建立产品全生命周期信息集成系统,可考虑将服务信息反馈给设计、生产、物流、销售等阶段。
宜建立产品质量集成系统,可考虑设备、控制、车间、企业、协同等系统层级的质量信息的集成。

7.5.5 服务环节决策优化

宜建立产品服务质量与成本、交付周期、资源综合利用率、生产效率等KPI的决策优化机制,可采用大数据建模和分析实现。

成果五

智能工厂建设导则
第1部分：物理工厂智能化系统

前　言

GB/T《智能工厂建设导则》分为 3 个部分：
——第 1 部分：物理工厂智能化系统。
——第 2 部分：虚拟工厂建设要求。
——第 3 部分：智能工厂设计文件编制要求。
本部分为其中第 1 部分。

本部分确定了物理工厂建设所需智能化系统的分类，对物理工厂智能化系统的系统架构、系统组成及典型物理工厂智能化系统配置做出了阐述。本部分的制定有利于提升物理工厂的智能化建设水平，加快推进智能制造的发展。

本部分按照 GB/T 1.1—2009 给出的规则起草。

本部分由工业和信息化部提出。

本部分由工业和信息化部（电子）归口。

本部分起草单位：机械工业第六设计研究院有限公司、中国电子技术标准化研究院、宁夏力成电气集团有限公司、郑州磨料磨具磨削研究所有限公司、红云红河烟草（集团）有限责任公司红河卷烟厂。

本部分起草人员：刚轶金、李涛、王更、陈光、韦莎、程雨航、何毅、赵炯、牛广军。

智能工厂建设导则 第1部分：物理工厂智能化系统

1 范围

本标准给出的物理工厂智能化系统包括设备设施、信息基础设施、生产过程、管理与集成、研发设计、知识、安全与职业健康等分类。

本标准同时给出了物理工厂智能化系统的架构，规定了物理工厂智能化系统的分类及一般建设要求。

本标准适用于新建、扩建和改建的工厂。

2 规范性引用文件

下列文件对本文件的应用是必不可少的。凡是注日期的引用文件，仅所注日期的版本适用于本文件。凡是不注日期的引用文件，其最新版本（包括所有的修改单）适用于本文件。

GB/T 25485—2010 工业自动化系统与集成 制造执行系统功能体系结构
GB/T 33007—2016 工业通信网络 网络和系统安全 建立工业自动化和控制系统安全程序
GB/Z 18728—2002 制造业企业资源计划（ERP）系统功能结构技术规范
IEC/PAS 63088:2017 智能制造——工业4.0参考架构模型（RAMI4.0）

3 术语和定义

下列术语和定义适用于本标准。

3.1

物理工厂 physical factory

指由设备设施、公用基础设施、信息基础设施等组成的实体工厂的总称。

3.2

系统架构 system structure

以工厂的应用需求为依据，通过对物理工厂智能化系统的设施、业务及管理等应用功能作层次化结构规划，构成由若干功能要素组合而成的架构形式。

3.3

增材制造 additive manufacturing

以三维模型数据为基础，通过材料堆积的方式制造零件或实物的工艺。
[GB/T 35351—2017，定义2.1.1]

3.4

无线局域网 wireless local area network

通过无线电波进行数据传送的局域网。
[GB/T 51211—2016，定义 2.1.1]

3.5

供应链　supply chain

围绕核心企业，从采购原材料开始，到制成中间产品、最终产品，直至由销售网络把产品和服务送到消费者手中的流程，是包括供应商、制造商、分销商、零售商，直到最终客户的一个网链结构。
[GB/T 25103—2010，定义 3.1.1]

3.6

人机交互　human-computer interaction

人与设备之间使用某种对话语言，以一定的交互方式，为完成确定任务的人与设备之间的信息交换过程。

3.7

设备设施　equipment and facilities

在物理工厂中直接参加生产活动或直接为生产服务的机器设备，如机械、动力及传导设备等。

3.8

信息基础设施　information infrastructure

为满足物理工厂的应用与管理对信息通信的需求，将各类具有接收、交换、传输、处理、存储和显示等功能的信息系统整合，形成物理工厂公共通信服务综合基础条件的系统。

3.9

生产过程　production process

在原料转变为成品的过程中，参与人、机、料、法、环、测、能等信息的采集、传输、处理及执行的整个过程。

3.10

研发设计　research and development design

将现代信息技术、工程技术、数学方法等为代表的多学科、多领域的科学与技术，综合应用于现代企业产品研究与开发全过程。

4　缩略语

下列缩略语适用于本文件。
CAD：计算机辅助设计（Computer Aided Design）
CAE：计算机辅助工程（Computer Aided Engineering）
CAM：计算机辅助制造（Computer Aided Manufacturing）
CAPP：计算机辅助工艺过程设计（Computer Aided Process Planning）
NC：数字控制系统（Numerically Controlled）

PDM：产品数据管理（Product Data Management）
PLM：产品生命周期管理（Product Lifecycle Management）
WMS：物流仓储管理系统（Warehouse Management System）

5 建设要求

5.1 一般规定

a) 具有电磁干扰环境的物理工厂，智能化系统应选择具有电磁兼容（EMC）认证的产品。
b) 具有爆炸环境的物理工厂，智能化各系统应选择防爆或本安型产品。
c) 具有潮湿、化学腐蚀或易受水浸泡环境的物理工厂，智能化各系统应选择防水、防腐蚀产品。
d) 具有高温作业环境的物理工厂，智能化各系统应选择具有耐热外防护的产品。
e) 具有放射线作业环境的物理工厂，智能化各系统应选择具有适合耐受放射线辐照强度的产品。
f) 安全性要求高且鼠害严重的物理工厂，智能化各系统传输线缆应选择防鼠线缆。
g) 具有低毒阻燃性防火要求的物理工厂，智能化各系统应选择不含卤素防护层的产品。
h) 各子系统在建设过程中，设备终端与设备接口空间距离不应大于1米。
i) 设备接口应采用模块化接口，避免线缆与设备的直接端接。

5.2 系统架构

物理工厂智能化系统的分类包括公用基础设施、设备设施、信息基础设施、生产过程、管理与集成、研发设计、知识、安全与职业健康。

物理工厂智能化系统架构如图1所示。

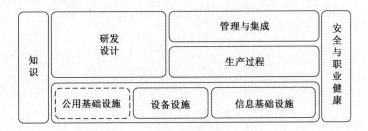

注：虚线框内的内容不在本次标准研究范围内。

图1 物理工厂智能化系统架构

物理工厂智能化系统组成如表1所示。

表1 物理工厂智能化系统组成

系统分类	系统名称
知识	工厂知识管理系统
管理与集成	企业商业智能分析系统
	企业资源计划系统
	供应链管理系统
	基本业务办公系统
	客户管理系统
	供应链关系管理系统
	企业门户
	智能卡应用系统
	智能化集成系统

续表

系统分类	系统名称
生产过程	数据采集与监视控制系统
	生产运作管理系统
	物流仓储管理系统
	质量管理及追溯系统
	设备维护管理系统
	生产刀具管理系统
	安灯管理系统
	防差错管理系统
	目视化管理系统
	设备联网系统
	基于定位的车间应用系统
	公用设施设备监控系统
	能效节能管理系统
研发设计	计算机辅助设计系统
	计算机辅助工程系统
	计算机辅助制造系统
	计算机辅助测试系统
	计算机辅助工艺过程设计
	产品数据管理系统
	虚拟产品开发系统
	产品全生命周期管理系统
	实验室设备联网系统
信息基础设施	信息接入系统
	计算机网络系统
	无线网络系统
	工业通信网络系统
	备份与存储系统
	服务器系统
	综合布线系统
	移动通信室内信号覆盖系统
	用户电话交换系统
	无线对讲系统
	信息引导及发布系统
	电子会议系统
	公共广播系统
	生产指挥调度中心/控制室
	数据中心
	信息设施系统机房
	消防安防监控中心
设备设施	智能生产单元
	智能物流仓储系统
	机器人系统
	增材制造系统
	人机交互系统
	数字控制系统
	在线监测系统
	机器视觉识别系统
安全与职业健康	安全技术防范系统
	安全生产视频监控系统
	生产车间环境监测系统

续表

系统分类	系统名称
安全与职业健康	环保设备联网与控制系统
	安全仪表系统
	火灾自动报警系统
	安全设施系统
	车间安全生产管理系统
	生产应急指挥调度系统
	信息安全管理系统

5.3 系统配置要求

不同类型物理工厂的智能化系统配置如表2所示。

表2 物理工厂智能化系统配置表

智能化系统		工厂类型		
		离散型	流程型	混合型
知识	工厂知识管理系统	●	●	●
管理与集成	企业商业智能分析系统	⊙	⊙	⊙
	企业资源计划系统	●	●	●
	供应链管理系统	●	●	●
	基本业务办公系统	●	●	●
	客户管理系统	⊙	⊙	⊙
	供应链关系管理系统	●	●	●
	企业门户	⊙	⊙	⊙
	智能卡应用系统	⊙	⊙	⊙
	智能化集成系统	⊙	⊙	⊙
生产过程	数据采集与监视控制系统	●	●	●
	生产运作管理系统	⊙	⊙	⊙
	物流仓储管理系统	●	●	●
	质量管理及追溯系统	●	●	●
	设备维护管理系统	●	●	●
	生产刀具管理系统	⊙	○	⊙
	安灯管理系统	●	●	●
	防差错管理系统	●	●	●
	目视化管理系统	●	●	●
	设备联网系统	●	●	●
	基于定位的车间应用系统	●	⊙	⊙
	公用设施设备监控系统	⊙	●	⊙
	能效节能管理系统	⊙	⊙	⊙
研发设计	计算机辅助设计系统	●	●	●
	计算机辅助工程系统	●	●	●
	计算机辅助制造系统	●	●	●
	计算机辅助测试系统	●	●	●
	计算机辅助工艺过程设计	●	⊙	⊙
	产品数据管理系统	●	●	●
	虚拟产品开发系统	●	⊙	●

续表

智能化系统		工厂类型		
		离散型	流程型	混合型
研发设计	产品全生命周期管理系统	⊙	⊙	⊙
	实验室设备联网系统	⊙	⊙	⊙
信息基础设施	信息接入系统	●	●	●
	计算机网络系统	●	●	●
	无线网络系统	⊙	⊙	⊙
	工业通信网络系统	●	●	●
	备份与存储系统	●	●	●
	服务器系统	●	●	●
	综合布线系统	●	●	●
	移动通信室内信号覆盖系统	⊙	⊙	⊙
	用户电话交换系统	●	●	●
	无线对讲系统	⊙	⊙	⊙
	信息引导及发布系统	⊙	⊙	⊙
	电子会议系统	⊙	⊙	⊙
	公共广播系统	●	●	●
	生产指挥调度中心/控制室	●	●	●
	数据中心	●	●	●
	信息设施系统机房	●	●	●
	消防安防监控中心	●	●	●
设备设施	智能生产单元	⊙	○	⊙
	智能物流仓储系统	●	●	●
	机器人系统	⊙	⊙	⊙
	增材制造系统	⊙	○	⊙
	人机交互系统	●	●	●
	数字控制系统	●	●	●
	在线监测系统	●	●	●
	机器视觉识别系统	●	⊙	●
安全与职业健康	安全技术防范系统	●	●	●
	安全生产视频监控系统	●	●	●
	生产车间环境监测系统	●	●	●
	环保设备联网与控制系统	●	●	●
	安全仪表系统	●	●	●
	火灾自动报警系统	●	●	●
	安全设施系统	●	●	●
	车间安全生产管理系统	●	●	●
	生产应急指挥调度系统	●	●	●
	信息安全管理系统	●	●	●

注：●—应配置；⊙—宜配置；○—可配置

典型物理工厂的智能化系统配置见附录 A。

6 设备设施

设备设施宜包括智能生产单元、智能物流仓储系统、机器人系统、增材制造系统、人机交互系统、数字控制系统、在线监测系统、机器视觉识别系统等。

6.1 智能生产单元

a) 应具有模块化、集成化、一体化、数字化等特点。
b) 应能向上与产品生命周期管理（PLM）、计算机辅助工艺过程设计（CAPP）、企业资源计划（ERP）等系统对接，横向与仓储管理系统（WMS）等对接。
c) 应具有通信接口。

6.2 智能物流仓储系统

a) 应能够实现对物料的自动识别、自动检测、自动分拣、自动存取及自动跟踪等。
b) 应能够进行入库管理、出库管理、库内移动管理、盘点管理、调拨管理、退换货管理、报表分析和货物位置偏移监测。
c) 宜由高层货架、堆垛机、输送机、控制系统和计算机管理系统等构成，并可在计算机系统控制下完成单元货物的自动存取作业。
d) 应能与车间信息系统、企业信息系统进行数据交换。

6.3 机器人系统

a) 应具有对外部环境（包括作业条件）的检测和感觉功能。
b) 应具有对外部状态变化的适应能力。
c) 应能对诸如视觉、力觉、触觉等有关信息进行测量、识别、判断、理解等功能。
d) 应具有与其他设备交换信息、协调工作的能力。

6.4 增材制造系统

a) 宜采用计算机辅助设计、材料加工与成形等技术。
b) 支持以数字模型文件为基础，通过软件与数控系统将专用的金属材料、非金属材料以及生物材料，按照挤压、烧结、熔融、光固化、喷射等方式逐层堆积，制造出实体物品。
c) 应能与其他系统实现数据交换。

6.5 人机交互系统

a) 宜包括输入/输出、智能接口、信息获取与合成、信息处理、信息反馈等模块。
b) 能够实现人与机器之间的交流与通信，完成信息管理、服务和处理等功能。

6.6 数字控制系统

a) 宜分为系统支持层、中间层、信息集成层。
b) 应包括 NC 程序及数据的传递、机床状态采集和上报、自动分配 NC 程序及数据到相应机床、刀具数据的分配与传递、NC 程序统一管理及追溯、车间数据智能化共享等功能。
c) 宜包括数控装置、驱动装置、可编程逻辑控制器和检测装置等。
d) 应能根据输入的控制指令和数据，控制生产机械按规定的工作顺序、运动轨迹、运动距离和运动速度等规律完成工作的自动控制。

6.7 在线监测系统

a) 宜由现场传感器、传输设备、处理器及显示单元组成。
b) 应支持实时检测、跟踪、报警、信息统计等功能。

6.8 机器视觉识别系统

a) 基于机器视觉平台，应支持实时检测、跟踪、报警、信息统计等功能。
b) 宜由线阵视觉传感器、工控机及单片微型处理器组成，集高速自动检测、测量、分辨、定位于一体。

7 信息基础设施

信息基础设施宜包括信息接入系统、计算机网络系统、无线网络系统、工业通信网络系统、备份与存储系统、服务器系统、综合布线系统、移动通信室内信号覆盖系统、用户电话交换系统、无线对讲系统、信息引导及发布系统、电子会议系统、公共广播系统、生产指挥调度中心/控制室、数据中心、信息设施系统机房、消防安防监控中心等。

7.1 信息接入系统

a) 应满足工厂内各类活动对信息通信的需求，并应将各类信息网和专用信息网引入工厂各建筑物内。
b) 应支持工厂内各类活动所需的信息通信业务。
c) 接入机房应统筹规划配置，并应具有多种信息业务经营者平等接入的条件。

7.2 计算机网络系统

a) 应根据物理工厂的运营模式、业务性质、应用功能、环境安全条件及使用需求，进行系统组网及架构规划。
b) 应建立各类用户完整的公用和专用的信息通信链路，支撑工厂内多种类智能化信息的端到端传输，并应成为工厂内各类信息通信完全传递的通道。
c) 应满足工厂各类数据业务信息传输与交换的高速、稳定、实用和安全的要求。
d) 应适应数字化技术发展和网络化传输趋向。
e) 对智能化系统的信息传输，应按信息类别的功能性区分、信息承载的负载量分析、应用架构形式优化等要求进行处理，并应满足工厂智能化信息网络的统一性要求。
f) 网络拓扑架构应满足工厂使用功能的构成状况、业务需求及信息传输的要求。
g) 应根据信息接入方式和网络子网划分等配置路由设备，并应根据用户业务特性、运行信息流量、服务质量要求和网络拓扑架构形式等，配置服务器、网络交换设备、信息通信链路、信息端口及信息网络系统等。
h) 应配置相应的信息安全保障设备和网络管理系统，工厂内信息网络系统与工厂外部的相关信息网互联时，应设置有效抵御干扰和入侵的防火墙等安全措施。
i) 应根据工厂业务需求配置无线局域网系统。
j) 宜采用专业化、模块化、结构化的系统架构形式。
k) 应具有灵活性、可扩展性和可管理性。

7.3 无线网络系统

a) 应根据物理工厂的业务需求、应用功能、环境安全条件及使用需求配置无线局域网系统。

b）应保证工厂内信息传输与交换的高速、稳定和安全。
c）应适应数字化技术发展和网络化传输趋向。
d）宜采用专业化、模块化、结构化的系统架构形式。
e）应具有灵活性、可扩展性和可管理性。

7.4 工业通信网络系统

a）宜采用工业以太网交换技术和相应的网络结构方式，按业务需求及数据传输要求规划网络结构。
b）应满足工厂生产业务信息传输与交换的高速、稳定、实用和安全的要求。
c）应根据网络运行的业务信息流量、服务质量要求和网络结构等配置相应的网络设备。
d）应配置相应的信息安全与网络管理系统。

7.5 备份与存储系统

a）应能防止由于操作失误、系统故障等人为因素或意外原因导致数据丢失。
b）应能将整个系统数据或者一部分关键数据通过一定的方法，从主机的存储中复制到其他存储设备。
c）控制调度算法最优，成本合理，可实现多级多层次存储。

7.6 服务器系统

a）应包括处理器、硬盘、内存、系统总线等。
b）应能实现对物理工厂各业务系统的管理、配置、计算、保障服务等功能。
c）宜采用集群、分布式、负载均衡、云计算等主流技术架构。

7.7 综合布线系统

a）应满足物理工厂内语音、数据、图像和多媒体等信息传输的需求。
b）应根据物理工厂的业务性质、使用功能、管理维护、环境安全条件和使用需求等，进行系统布局、设备配置和缆线设计。
c）应遵循集约化建设的原则，并应统一规划、兼顾差异、路由便捷、维护方便。
d）应适应智能化系统的数字化技术发展和网络化融合趋向，并应成为物理工厂内整合各智能化系统信息传递的通道。
e）应根据缆线敷设方式和安全保密的要求，选择满足相应安全等级的信息缆线。
f）应根据缆线敷设方式和防火的要求，选择相应阻燃及耐火等级的缆线。
g）应配置相应的信息安全管理保障技术措施。
h）应具有灵活性、适应性、可扩展性和可管理性。

7.8 移动通信室内信号覆盖系统

a）应确保物理工厂内部与外界的通信接续。
b）应适应移动通信业务的综合性发展。
c）对物理工厂内需屏蔽移动通信信号的局部区域，宜配置室内屏蔽系统。

7.9 用户电话交换系统

a）宜采用先进的信息通信技术手段，满足生产指挥调度和经营、管理的需要。
b）宜根据物理工厂实际情况，选用本地电信运营商提供的虚拟交换方式，配置远端模块或者配置独立的数字程控交换机等方式，提供工厂内电话通信使用。

c）工厂内所需的电话端口应按实际需求配置，并预留容量。
d）系统线路应并入综合布线系统。

7.10 无线对讲系统

a）应满足工厂内管理人员互相通信联络的需求。
b）应根据工厂的环境状况，设置天线位置，选择天线形式，确定天线输出功率。
c）应利用基站信号，配置室内馈线和系统无源器件。
d）信号覆盖应均匀。
e）应具有先进性、开放性、可扩展性和可管理性。

7.11 信息引导及发布系统

a）应具有公共业务信息的接入、采集、分类和汇总的数据资源库，并在工厂公共区域向公众提供信息告示、标识导引及信息查询等多媒体信息发布功能。
b）宜由信息播控中心、传输网络、信息发布显示屏或信息标识牌、信息导引设施或查询终端等组成，并应根据应用需要进行设备的配置及组合。
c）应根据工厂的管理需要，布置信息发布显示屏或信息导引标识屏、信息查询终端等，并应根据公共区域空间环境条件，选择信息显示屏和信息查询终端的技术规格、几何形态及安装方式等。
d）播控中心宜设置专用的服务器和控制器，并宜配置信号采集和制作设备以及相配套的应用软件，应支持多通道显示、多画面显示、多列表播放和支持多种格式的图像、视频、文件显示，并应支持同时控制多台显示端设备。
e）应具有多种输入接口方式。

7.12 电子会议系统

a）应进行分类，并按分类配置会议系统设备。
b）应适应多媒体技术的发展，并应采用能满足视频图像清晰度要求的投射及显示技术，以及满足音频声场效果要求的传声及播放技术。
c）宜采用网络化互联、多媒体场效互动及设备综合控制等信息集成化管理工作模式，并宜采用数字化系统技术和设备。
d）宜拓展会议系统相应智能化应用功能。

7.13 公共广播系统

a）应根据现实工厂环境噪声、面积、空间高度等选择扬声器的类型、功率，满足扩声效果。
b）应满足消防应急广播的需求，宜分为公共广播、背景音乐和应急广播。
c）应配置多音源播放设备，以根据需求对不同分区播放不同音源信号，系统播放设备宜具有连续、循环播放和预置定时播放功能。
d）应急广播系统和公共广播系统前端扬声器可以共用，应急广播系统优于公共广播系统。
e）应适应数字化处理技术、网络化播控方式的应用发展。

7.14 生产指挥调度中心/控制室

a）控制室应根据管理模式、控制系统规模、功能要求等设置功能房间和辅助房间。
b）功能房间宜包括操作室、机柜室、工程师室、空调机室、不间断电源装置（UPS）室、备件室等，包括操作间、机柜室、工程师室及其他辅助房间。
c）辅助房间宜包括交接班室、会议室、更衣室、办公室、资料室、休息室、卫生间等。

d）应具有全厂性生产操作、过程控制、安全保护、先进控制与优化、仪表维护、仿真培训、生产管理及信息管理等功能。

e）控制室的功能房间面积应根据控制系统的操作站、机柜和仪表盘等设备数量及布置方式确定。辅助房间的面积应根据实际需要确定。

7.15 数据中心

a）应根据相关规范及使用需求划分为 A、B、C 三级。

b）宜包括主机房、辅助区、支持区和行政管理区等。

c）宜包括室内装修、空气调节、电气、电磁屏蔽、网络与布线系统、智能化系统、给排水、消防与安全等。

d）应确保物理工厂各电子信息系统安全、稳定、可靠运行。

7.16 信息设施系统机房

a）宜包括公用与生产辅助设备控制管理机房、车间网络及综合管理中心机房、弱电间、进线间等。

b）宜包括室内装修、空气调节、电气、电磁屏蔽、网络与布线系统、智能化系统、给排水、消防与安全等。

c）应确保各设备及系统安全、稳定、可靠运行。

7.17 消防安防监控中心

a）应能接收、显示、处理火灾报警及安防报警信号，控制相关消防及安防设施。

b）消防安防监控中心内设置的消防设备应包括火灾报警控制器、消防联动控制器、消防控制室图形显示装置、消防电话总机、消防应急广播控制装置、消防应急照明和疏散指示系统控制装置、消防电源监控器等；应能监控并显示工厂消防设施运行状态信息，并应具有向上级消防远程监控中心传输信息的功能。

c）消防安防监控中心内设置的安防设备应包括网络设备、服务器、报警主机、存储设备、显示单元、UPS 等；应有保证自身安全的防护措施和进行内外联络的通信手段，并应设置紧急报警装置和留有向上一级接处警中心报警的通信接口。

d）消防安防监控中心内的消防设备应集中设置，并应与其他设备间有明显间隔。

8 生产过程

生产过程宜包括数据采集与监视控制系统、生产运作管理系统、物流仓储管理系统、质量管理及追溯系统、设备维护管理系统、生产刀具管理系统、安灯管理系统、防差错管理系统、目视化管理系统、设备联网系统、基于定位的车间应用系统、公用设施设备监控系统、能效节能管理系统等。

8.1 数据采集与监视控制系统

a）应实现数据采集、设备控制、测量、参数调节以及各类信号报警等功能。

b）现场各控制系统之间应保持相对独立，设备应具有故障隔离功能。

c）控制中心和分控站应有严格的安全和权限级别限制，不得随意越权操作。

8.2 生产运作管理系统

a）宜包括运作定义管理、资源管理、运作排成、任务调度、执行管理、任务跟踪、运作绩效等模块。

b) 系统应提供实时收集生产过程中的数据的功能,并做出相应的分析和处理。
c) 系统应与计划层和控制层进行信息交互,通过物理工厂的连续信息流来实现信息全集成。

8.3 物流仓储管理系统

a) 工厂应建立可靠、安全、实用的物流仓储控制系统,并应与企业资源管理系统集成。
b) 物流自动化控制系统宜分为管理决策层、调度监控层和控制执行层。
c) 物流自动化控制系统应具备物流操作自动控制和信息处理功能,以及物流特征信息和输送状态信息、物流系统运行状态和故障信息的监控、物流信息的识别功能。
d) 物流自动化控制系统的物料传递位置应符合定位精度要求,系统应具有安全操作功能和安全措施。

8.4 质量管理及追溯系统

a) 系统应以提高产品制造质量和工作管理质量为目标,通过工况监控进行质量分析评价,采用统计过程控制和统计质量控制等方法进行控制,使质量的控制和检验紧密结合,并使有关质量信息能准确、及时地反馈到相关部门。
b) 系统应能对某些关键工序实现在线自动检测和数据自动采集。
c) 应支持采用高效的自动识别技术对整个产品链条各环节信息进行追溯。
d) 系统应具有标准信息交换协议及接口。

8.5 设备维护管理系统

a) 宜包括设备的设计、制造、购置、安装、使用、维修、改造直至报废全过程管理活动。
b) 应能减少设备故障和停机损失。
c) 应能在保证设备正常运行的条件下,降低设备全寿命周期成本,保持或提高企业竞争力。

8.6 生产刀具管理系统

a) 应准确、及时地提供刀具及其组件的全部信息。
b) 生产刀具管理系统支持与 CAPP 系统集成。
c) 应支持对刀具进行调度和综合管理,实现刀具参数、寿命管理与刀具的统一调配。

8.7 安灯管理系统

a) 应能收集生产线上有关设备和质量管理等与生产有关的信息,加以处理,控制分布于车间各处的灯光和声音报警系统。
b) 可分为操作安灯、质量安灯、物料安灯、电子看板安灯等不同类型。
c) 宜具有工位作业管理、设备运行管理、信息可视管理、物料呼叫管理、质量呼叫管理、设备呼叫管理、维修呼叫管理、公共信息管理等功能。
d) 应支持对数据统计与分析,并支持导出各种相关报表。

8.8 防差错管理系统

a) 系统应以产量和质量最优、最大化为目标。
b) 系统应以物理工厂的内部工序为研究对象,分析每道工序在制造过程中可能会出现的问题。
c) 系统应综合应用工艺技术和管理技术。

8.9 目视化管理系统

a) 应具有生产过程信息可视化显示、生产计划发布、实时产量统计、生产线异常通知、处理流程跟踪、生产效率统计、异常状况统计等功能。
b) 系统应以视觉信号为基本手段，以公开化为基本原则，将管理者的要求和意图显性化，以实现显性管理、自主管理、自我控制。
c) 终端应设置于生产线、重点工位等易于观察的位置。

8.10 设备联网系统

a) 设备宜支持有线、无线等网络接入方式。
b) 应支持相关业务系统对设备状态、加工信息、历史数据的采集与控制。
c) 应配置相应的信息安全管理保障技术措施。
d) 应具有灵活性、适应性、可扩展性和可管理性。

8.11 基于定位的车间应用系统

a) 应支持人员、设备、设施的实时位置监测、分布情况与移动轨迹跟踪、自动识别功能。
b) 应能自动跟踪制品、工具、设备、托盘和拖车等的实时分布情况，准确监视并跟进管理，减少寻找及等待时间，以提高资产利用率及员工生产效率。

8.12 公用设施设备监控系统

a) 宜包括传感器、执行器、控制器、管理平台、人机界面、数据库、通信网络和接口等。
b) 应能满足工厂对使用功能、运行环境、运营管理和节能环保等的要求，实现公用设施设备安全可靠运行。
c) 应具备实时监测、安全保护、远程控制等功能。

8.13 能效节能管理系统

a) 系统应能通过网络对物理工厂内各类能耗实行精细计量、实时监测、智能处理和动态管控，达到精细化管理的目标。
b) 应采用分级计量管理架构，宜对高能耗设备单独计量。
c) 应对公用设备能耗与生产能耗分别计量。
d) 系统应采用物联网、云计算、精细计量、数字传感等先进技术，能够实时、全面、准确地采集物理工厂的水、电、油、气等各种能耗数据，动态分析能耗状况。
e) 系统应支持能耗监测、能耗审计、信息公示、能耗结算、辅助系统、数据上报、信息查询、用户服务等功能。

9 管理与集成

管理与集成宜包括企业商业智能分析系统、企业资源计划系统、供应链管理系统、基本业务办公系统、客户管理系统、供应链关系管理系统、企业门户、智能卡应用系统、智能化集成系统等。

9.1 企业商业智能分析系统

a) 应建立完善的企业商业智能分析系统，为企业提供迅速分析数据的技术和方法，包括收集、管理和分析数据，并将这些数据转化为有用的信息，搭建一站式大数据分析平台。
b) 宜采用现代数据仓库技术、数据处理技术、数据挖掘和数据展现技术等进行数据分析，以实现商业价值。

c) 宜包括销售分析、商品分析、人员分析、决策管理等应用。

d) 应具有标准通信接口或协议。

9.2 企业资源计划系统

a) 应支持对企业的物流、资金流和信息流统一进行处理和分析。

b) 应支持对企业人力、资金、材料、设备、方法（生产技术）、信息和时间等各项资源进行综合平衡。

c) 应具有整合性、系统性、灵活性、实时控制性等特点。

9.3 供应链管理系统

a) 应以提升客户的最大满意度为目标，提高交货的可靠性和灵活性。

b) 应能对工作流程、实物流程、信息流程和资金流程进行设计、执行、修正和不断改进。

c) 应使供应链运作达到最优化，降低运作成本，使工作流、实物流、资金流和信息流等均能高效率地操作。

9.4 基本业务办公系统

a) 应以提高办事效率和质量为目标，应能提供决策所需的信息。

b) 应具备数据接口功能，能把原有的业务系统数据集成到工作流系统中，能使员工及时获取处理信息，提高信息综合利用水平和整体反应速度。

9.5 客户管理系统

a) 应实现市场营销、销售、服务等活动的自动化，使企业能高效地为客户提供满意、周到的服务，以提高客户满意度、忠诚度。

b) 应具有强大的数据管理和统计分析功能，可根据建立的各种不同的信息，快速查询出所需要的统计信息和相对应的柱状图、折线图、饼图。

9.6 供应链关系管理系统

a) 宜包括数据查询、商品管理、趋势分析、信息交流、个人设置等功能模块。

b) 应能改善企业与供应商的关系，建立长久稳定的合作关系，扩大市场需求和份额，降低采购成本，提升工作效率，实现双赢的企业管理模式。

c) 应集成先进的电子商务、数据挖掘、协同作业等信息技术，为企业产品的策略性设计、资源的策略性获取、合同的有效洽谈、产品内容的统一管理提供优化的解决方案。

d) 系统应具有开放性、扩展性和可维护性。

9.7 企业门户

a) 应能为企业员工、分销商、代理商、供应商、合作伙伴等同一价值链上的相关人员，提供基于不同角色和权限的个性化的信息、知识、服务与应用。

b) 应能将不同应用、业务过程、后端系统、服务和信息、知识等内容集成到一个个性化窗口中的功能强大的工具箱或者系统平台。

c) 应支持企业的内、外部用户通过浏览器管理、组织、查询、个性化定制相关信息与服务，同时还提供数据报表分析、业务决策支持等。

9.8 智能卡应用系统

a) 在企业内应按个人权限获取相关服务、访问相关资源、进行相关消费或实施相关管理工作。
b) 应包括厂区出入管理、食堂就餐、银行圈存转账、上班考勤、访客登记及进出管理、车辆进出管理、会议签到等功能，所有管理服务均使用企业卡进行身份识别，所有消费均利用企业卡进行结算。

9.9 智能化集成系统

a) 宜包括操作系统、数据库、集成应用程序、通用业务基础功能模块、专业业务运营功能模块、纳入集成管理的智能化系统、各类信息通信接口等。
b) 应以建设智能工厂为目标，具有信息汇聚、资源共享、协同运行、优化管理等功能。
c) 应具有信息采集、数据通信、实时信息及历史数据分析、可视化展现、远程及移动应用等功能。
d) 宜具有虚拟化、分布式应用、统一安全管理等整体平台的支撑能力，顺应物联网、云计算、大数据等信息交互多元化的发展趋势。
e) 应采用信息资源共享和协同运行的架构形式，具有实用、规范和高效的监管功能，适应工厂信息化综合应用功能的延伸及增强。
f) 应具有数据集成推送与移动应用定制功能。
g) 应具有安全性、可用性、可维护性和可扩展性。

10 研发设计

研发设计宜包括计算机辅助设计系统、计算机辅助工程系统、计算机辅助制造系统、计算机辅助测试系统、计算机辅助工艺过程设计、产品数据管理系统、虚拟产品开发系统、产品全生命周期管理系统、实验室设备联网系统等。

10.1 计算机辅助设计系统

a) 应能构建点、线、圆、弧等集合元素构成的纯几何模型。
b) 应赋予几何模型物理属性，支持后续工程分析、数控加工。
c) 应能根据产品要求，支持曲面造型技术、实体造型技术、参数化技术、变量化技术。
d) 应支持装备设计、结构分析、数控加工、产品数据管理。

10.2 计算机辅助工程系统

a) 应支持多类型产品物理、力学性能的分析、模拟、预测、评价和优化。
b) 应能根据研究对象的物理属性，进行结构力学计算、机械系统运动学和动力学仿真、传热学计算、流体力学计算、电磁学计算、疲劳耐久性分析、声学分析。
c) 应支持与CAD/CAM的数据协同。

10.3 计算机辅助制造系统

a) 应支持生产设备管理控制和操作。
b) 宜包括输入信息和输出信息，其中输入信息包含工艺路线和工序内容，输出信息包含刀具加工运动曲线（刀位文件）和数控程序。
c) 数控编程过程宜包括分析零件图样、工艺处理、数学处理、编写程序单、输入数控系统及程序检验。
d) 加工程序应保证能加工出符合图样要求的合格零件，使数控机床的功能得到合理的应用与充分的发挥，以使数控机床能安全、可靠、高效地工作。

10.4 计算机辅助测试系统

a）系统应采用计算机自动测试技术。
b）系统应充分利用虚拟仪器。
c）系统应能以数字和图形曲线等多种形式对外显示。
d）系统应具有标准信息交换协议及接口。

10.5 计算机辅助工艺过程设计

a）应包含模块零件信息的获取、工艺决策、工艺数据库、人机交互界面、工艺文件管理与输出。
b）应具有输入设计信息，选择工艺路线，决定加工程序、加工设备、工艺辅具、工艺参数，估算工时、材料消耗与成本，输出工艺文件，向 CAM 提供零件加工所需的设备、工艺装备、加工参数以及反映零件加工过程的刀具轨迹文件等功能。
c）刀具轨迹文件应包括刀具路径的规划、刀位文件的生产、刀具轨迹仿真及 NC 代码的生成等。

10.6 产品数据管理系统

a）宜由底层平台层、核心服务层、应用组件层、应用工具层、实施理念层组成。
b）应具有数据与文档管理、工作流与过程管理、产品结构配置管理、版本管理、应用封装与集成等功能。
c）应管理所有与产品相关信息和相关过程，与产品相关的所有信息包括零件信息、产品结构、结构配置、文件、CAD 文档、扫描信息、审批信息，与产品相关的所有过程包括生命周期、工作流程、审批/发放、工程更改等的定义与监控。

10.7 虚拟产品开发系统

a）宜包括总体设计、平台开发、虚拟设计、虚拟分析、虚拟装配、虚拟加工等工作流程。
b）宜在虚拟状态下构思、设计、制造、测试和分析产品，解决时间、成本、质量等相关问题。
c）应采用数字模型替代实物原型，开展基于物理属性的虚拟实验研究，进行数据分析、研发试验、优化设计。
d）能对客户的需求变化快速反应，按照规定的时间、成本和质量要求将产品快速推向市场。
e）宜具有数字化、集成化、智能化、协同化、虚拟化等特点。

10.8 产品全生命周期管理系统

a）宜支持产品全生命周期的信息的创建、管理、分发和应用，能够集成与产品相关的人力资源。
b）应包括基础技术和标准、信息创建和分析的工具、核心功能（数据仓库、文档和内容管理、工作流和任务管理等）、应用功能（配置管理、配方管理等）、面向业务/行业的解决方案和咨询服务。

10.9 实验室设备联网系统

a）设备宜支持有线、无线等网络接入方式。
b）应支持实验室业务系统对设备状态、实验数据的采集与控制。
c）应配置相应的信息安全管理保障技术措施。
d）应具有灵活性、适应性、可扩展性和可管理性。

11 知识

知识分类下仅有1个系统，即工厂知识管理系统。

a) 产品知识管理应采用金字塔式的知识结构，从底部到顶部依次是标准层、重用层、应用层。
b) 知识识别应以标准、规范、模板和示例作为切入点，梳理提炼核心技术和关键零组件设计方法，形成标准层。
c) 系统应以成熟模型构建重用层知识库。重用层知识库包括可供设计员直接调用的模块、标准化和参数化的零组件模块，以及文档模块。
d) 应用层应将知识模块、设计方法、设计工具、设计流程固化，实现多种研发工具的协同与沟通、成熟知识的强迫复用与管理、研发流程的优化与规范。
e) 产品知识管理系统宜基于数据流向进行集成管理，实现设计仿真工具的统一调度和知识自动推送，构成产品设计集成环境。

12 安全与职业健康

安全与职业健康宜包括安全技术防范系统、安全生产视频监控系统、生产车间环境监测系统、环保设备联网与控制系统、安全仪表系统、火灾自动报警系统、安全设施系统、车间安全生产管理系统、生产应急指挥调度系统、信息安全管理系统等。

12.1 安全技术防范系统

a) 应满足物理工厂生产区域人流和物流的受控范围和防护级别的要求。
b) 应以人为本、主动防范、应急响应、严实可靠。
c) 应安全适用、运行可靠、维护便利。
d) 应具有与建筑设备管理系统互联的信息通信接口，宜与安全技术防范系统实现互联。
e) 宜包括安全防范综合管理（平台）和入侵报警、视频安防监控、出入口控制、电子巡查、访客对讲、停车库（场）管理系统等。
f) 应适应数字化、网络化、平台化的发展，建立结构化架构及网络化体系。
g) 应拓展和优化公共安全管理的应用功能。
h) 应作为应急响应系统的基础系统之一，宜纳入智能化集成系统。
i) 系统应采用开放式、模块化设计，采用统一标准数据接口，兼容不同厂商的产品。
j) 各子系统应在平台上相互关联，并实现数据的关联查看。

12.2 安全生产视频监控系统

a) 应实现对生产区域的全范围监视，真实、准确、实时地展现生产场景。
b) 对生产过程中关键节点、安全控制点、质量控制点等部位应设置无死角高清监控，为安全、高效生产提供依据。
c) 生产监控还应与生产调度、生产报警、消防报警系统进行有机集成，实现视频监控图像与报警的实时联动。

12.3 生产车间环境监测系统

a) 宜确保工作环境良好，保证产品生产质量，保障安全生产及车间正常运作。
b) 宜包括传感器、输出系统、显示单元和管理平台，应能对车间的排放物及有害物质进行实时监测。
c) 宜具有标准通信接口和协议。

12.4 环保设备联网与控制系统

a) 宜支持多种联网方式。
b) 应能够远程、自动、实时监测并控制环保设备。
c) 宜与生产车间环境监测系统可靠对接。

12.5 安全仪表系统

a) 宜包括控制系统中的报警和联锁部分。
b) 应具有自诊断及检测并预防潜在危险的功能。

12.6 火灾自动报警系统

a) 应能预防和减少火灾危害,保护人身和财产安全。
b) 应安全适用、运行可靠、维护便利。
c) 系统中各类设备之间的接口和通信协议的兼容性应符合现行国家标准。
d) 设备应选择符合国家有关标准和有关市场准入制度的产品。

12.7 安全设施系统

a) 宜包括预防事故设施、控制事故设施、减少与消除事故影响设施等。
b) 应具有将危险、有害因素控制在安全范围内,以及减少、预防和消除危害的功能。

12.8 车间安全生产管理系统

a) 宜包括安全生产管理机构、安全生产管理人员、安全生产责任制、安全生产管理规章制度、安全生产策划、安全生产培训及安全生产档案等。
b) 应能建立安全生产标准化数据库,实现业务数据信息化管理及自动统计分析等功能,支持企业安全生产标准化工作的开展。
c) 应能实时反映车间安全现状,提供以数据为依据的决策支持,指导企业开展以安全标准化为基础的生产活动,集成专家知识,实现价值最大化,固化管理模式,避免管理水平波动。

12.9 生产应急指挥调度系统

a) 系统应采用开放式、模块化设计,采用统一标准数据接口,兼容不同厂商的产品。
b) 各子系统应在平台上相互关联,并实现数据的关联查看。
c) 应为决策人员提供一个便利的交互式操作平台,以迅速、动态地识别事件,构造针对特定应急事件信息处理、指挥调度、决策支持系统。

12.10 信息安全管理系统

a) 应建立完善的工厂信息安全管理系统,防止外部入侵与内部人员泄密的可能性,形成完整的信息安全管理体系。
b) 应设置必要的技术防护手段,防止企业信息未经授权的访问、使用、泄露、中断、修改和破坏。
c) 宜包括防火墙、加密机、防病毒设备(软硬件)、防电磁干扰的屏蔽设备、入侵检测设备、容灾备份设备等。
d) 宜基于OSI(开放式系统互联)网络模型,通过安全机制和安全服务实现信息安全。
e) 以风险评估为基础,建立动态持续改进的管理方法。
f) 应建立一套完整的信息安全管理人员培训机制,加强管理人员的安全意识及实操技能。

附录 A
（资料性附录）
典型物理工厂的智能化系统配置

表 A.1～表 A.12 列出了 12 类制造业物理工厂的智能化系统配置。

表 A.1 农副食品加工业物理工厂的智能化系统配置表

系统分类	系统名称	农副食品加工业
知识	工厂知识管理系统	●
管理与集成	企业商业智能分析系统	⊙
管理与集成	企业资源计划系统	●
管理与集成	供应链管理系统	●
管理与集成	基本业务办公系统	●
管理与集成	客户管理系统	⊙
管理与集成	供应链关系管理系统	●
管理与集成	企业门户	⊙
管理与集成	智能卡应用系统	⊙
管理与集成	智能化集成系统	⊙
生产过程	数据采集与监视控制系统	●
生产过程	生产运作管理系统	⊙
生产过程	物流仓储管理系统	●
生产过程	质量管理及追溯系统	●
生产过程	设备维护管理系统	●
生产过程	生产刀具管理系统	—
生产过程	安灯管理系统	●
生产过程	防差错管理系统	●
生产过程	目视化管理系统	●
生产过程	设备联网系统	●
生产过程	基于定位的车间应用系统	⊙
生产过程	公用设施设备监控系统	●
生产过程	能效节能管理系统	⊙
研发设计	计算机辅助设计系统	⊙
研发设计	计算机辅助工程系统	⊙
研发设计	计算机辅助制造系统	●
研发设计	计算机辅助测试系统	⊙
研发设计	计算机辅助工艺过程设计	●
研发设计	产品数据管理系统	●
研发设计	虚拟产品开发系统	—
研发设计	产品全生命周期管理系统	●
研发设计	实验室设备联网系统	⊙

续表

系统分类	系统名称	农副食品加工业
信息基础设施	信息接入系统	●
	计算机网络系统	●
	无线网络系统	⊙
	工业通信网络系统	●
	备份与存储系统	●
	服务器系统	●
	综合布线系统	●
	移动通信室内信号覆盖系统	●
	用户电话交换系统	●
	无线对讲系统	⊙
	信息引导及发布系统	⊙
	电子会议系统	⊙
	公共广播系统	●
	生产指挥调度中心/控制室	●
	数据中心	●
	信息设施系统机房	●
	消防安防监控中心	●
设备设施	智能生产单元	⊙
	智能物流仓储系统	●
	机器人系统	⊙
	增材制造系统	○
	人机交互系统	●
	数字控制系统	●
	在线监测系统	●
	机器视觉识别系统	⊙
安全与职业健康	安全技术防范系统	●
	安全生产视频监控系统	●
	生产车间环境监测系统	●
	环保设备联网与控制系统	●
	安全仪表系统	●
	火灾自动报警系统	●
	安全设施系统	●
	车间安全生产管理系统	●
	生产应急指挥调度系统	●
	信息安全管理系统	●

注：●—应配置；⊙—宜配置；○—可配置；"—"—无

表 A.2 烟草制品业物理工厂的智能化系统配置表

系统分类	系统名称	烟草制品业
知识	工厂知识管理系统	●
管理与集成	企业商业智能分析系统	⊙
管理与集成	企业资源计划系统	●
管理与集成	供应链管理系统	●
管理与集成	基本业务办公系统	●
管理与集成	客户管理系统	⊙
管理与集成	供应链关系管理系统	●
管理与集成	企业门户	⊙
管理与集成	智能卡应用系统	⊙
管理与集成	智能化集成系统	⊙
生产过程	数据采集与监视控制系统	●
生产过程	生产运作管理系统	⊙
生产过程	物流仓储管理系统	●
生产过程	质量管理及追溯系统	●
生产过程	设备维护管理系统	●
生产过程	生产刀具管理系统	—
生产过程	安灯管理系统	●
生产过程	防差错管理系统	○
生产过程	目视化管理系统	●
生产过程	设备联网系统	●
生产过程	基于定位的车间应用系统	⊙
生产过程	公用设施设备监控系统	●
生产过程	能效节能管理系统	●
研发设计	计算机辅助设计系统	●
研发设计	计算机辅助工程系统	●
研发设计	计算机辅助制造系统	●
研发设计	计算机辅助测试系统	●
研发设计	计算机辅助工艺过程设计	●
研发设计	产品数据管理系统	●
研发设计	虚拟产品开发系统	⊙
研发设计	产品全生命周期管理系统	●
研发设计	实验室设备联网系统	⊙
信息基础设施	信息接入系统	●
信息基础设施	计算机网络系统	●
信息基础设施	无线网络系统	⊙
信息基础设施	工业通信网络系统	●
信息基础设施	备份与存储系统	●
信息基础设施	服务器系统	●
信息基础设施	综合布线系统	●
信息基础设施	移动通信室内信号覆盖系统	⊙
信息基础设施	用户电话交换系统	●
信息基础设施	无线对讲系统	⊙
信息基础设施	信息引导及发布系统	⊙
信息基础设施	电子会议系统	⊙

续表

系统分类	系统名称	烟草制品业
信息基础设施	公共广播系统	●
	生产指挥调度中心/控制室	●
	数据中心	●
	信息设施系统机房	●
	消防安防监控中心	●
设备设施	智能生产单元	⊙
	智能物流仓储系统	●
	机器人系统	⊙
	增材制造系统	—
	人机交互系统	●
	数字控制系统	●
	在线监测系统	●
	机器视觉识别系统	●
安全与职业健康	安全技术防范系统	●
	安全生产视频监控系统	●
	生产车间环境监测系统	●
	环保设备联网与控制系统	●
	安全仪表系统	●
	火灾自动报警系统	●
	安全设施系统	●
	车间安全生产管理系统	●
	生产应急指挥调度系统	●
	信息安全管理系统	●

注：●—应配置；⊙—宜配置；○—可配置；"—"—无

表A.3 石油、煤炭及其他燃料加工业物理工厂的智能化系统配置表

系统分类	系统名称	石油、煤炭及其他燃料加工业
知识	工厂知识管理系统	●
管理与集成	企业商业智能分析系统	⊙
	企业资源计划系统	●
	供应链管理系统	●
	基本业务办公系统	●
	客户管理系统	⊙
	供应链关系管理系统	●
	企业门户	⊙
	智能卡应用系统	⊙
	智能化集成系统	⊙
生产过程	数据采集与监视控制系统	●
	生产运作管理系统	⊙
	物流仓储管理系统	●
	质量管理及追溯系统	●
	设备维护管理系统	●
	生产刀具管理系统	—
	安灯管理系统	●

续表

系统分类	系统名称	石油、煤炭及其他燃料加工业
生产过程	防差错管理系统	●
	目视化管理系统	●
	设备联网系统	●
	基于定位的车间应用系统	⊙
	公用设施设备监控系统	●
	能效节能管理系统	●
研发设计	计算机辅助设计系统	⊙
	计算机辅助工程系统	⊙
	计算机辅助制造系统	⊙
	计算机辅助测试系统	⊙
	计算机辅助工艺过程设计	⊙
	产品数据管理系统	●
	虚拟产品开发系统	⊙
	产品全生命周期管理系统	●
	实验室设备联网系统	⊙
信息基础设施	信息接入系统	●
	计算机网络系统	●
	无线网络系统	⊙
	工业通信网络系统	●
	备份与存储系统	●
	服务器系统	●
	综合布线系统	●
	移动通信室内信号覆盖系统	⊙
	用户电话交换系统	●
	无线对讲系统	⊙
	信息引导及发布系统	⊙
	电子会议系统	⊙
	公共广播系统	●
	生产指挥调度中心/控制室	●
	数据中心	●
	信息设施系统机房	●
	消防安防监控中心	●
设备设施	智能生产单元	⊙
	智能物流仓储系统	●
	机器人系统	⊙
	增材制造系统	—
	人机交互系统	●
	数字控制系统	●
	在线监测系统	●
	机器视觉识别系统	●
安全与职业健康	安全技术防范系统	●
	安全生产视频监控系统	●
	生产车间环境监测系统	●
	环保设备联网与控制系统	●

续表

系统分类	系统名称	石油、煤炭及其他燃料加工业
安全与职业健康	安全仪表系统	●
	火灾自动报警系统	●
	安全设施系统	●
	车间安全生产管理系统	●
	生产应急指挥调度系统	●
	信息安全管理系统	●

注：●—应配置；⊙—宜配置；"—"—无

表 A.4 化学原料和化学制品制造业物理工厂的智能化系统配置表

系统分类	系统名称	化学原料和化学制品制造业
知识	工厂知识管理系统	●
管理与集成	企业商业智能分析系统	⊙
	企业资源计划系统	●
	供应链管理系统	●
	基本业务办公系统	●
	客户管理系统	⊙
	供应链关系管理系统	●
	企业门户	⊙
	智能卡应用系统	⊙
	智能化集成系统	⊙
生产过程	数据采集与监视控制系统	●
	生产运作管理系统	⊙
	物流仓储管理系统	●
	质量管理及追溯系统	●
	设备维护管理系统	●
	生产刀具管理系统	—
	安灯管理系统	●
	防差错管理系统	●
	目视化管理系统	●
	设备联网系统	●
	基于定位的车间应用系统	⊙
	公用设施设备监控系统	●
	能效节能管理系统	●
研发设计	计算机辅助设计系统	⊙
	计算机辅助工程系统	⊙
	计算机辅助制造系统	⊙
	计算机辅助测试系统	⊙
	计算机辅助工艺过程设计	⊙
	产品数据管理系统	●
	虚拟产品开发系统	⊙
	产品全生命周期管理系统	●
	实验室设备联网系统	⊙
信息基础设施	信息接入系统	●
	计算机网络系统	●

续表

系统分类	系统名称	化学原料和化学制品制造业
信息基础设施	无线网络系统	⊙
	工业通信网络系统	●
	备份与存储系统	●
	服务器系统	●
	综合布线系统	●
	移动通信室内信号覆盖系统	⊙
	用户电话交换系统	●
	无线对讲系统	⊙
	信息引导及发布系统	⊙
	电子会议系统	⊙
	公共广播系统	●
	生产指挥调度中心/控制室	●
	数据中心	●
	信息设施系统机房	●
	消防安防监控中心	●
设备设施	智能生产单元	⊙
	智能物流仓储系统	●
	机器人系统	⊙
	增材制造系统	—
	人机交互系统	●
	数字控制系统	●
	在线监测系统	●
	机器视觉识别系统	●
安全与职业健康	安全技术防范系统	●
	安全生产视频监控系统	●
	生产车间环境监测系统	●
	环保设备联网与控制系统	●
	安全仪表系统	●
	火灾自动报警系统	●
	安全设施系统	●
	车间安全生产管理系统	●
	生产应急指挥调度系统	●
	信息安全管理系统	●

注：●—应配置；⊙—宜配置；"—"—无

表 A.5 医药制造业物理工厂的智能化系统配置表

系统分类	系统名称	医药制造业
知识	工厂知识管理系统	●
管理与集成	企业商业智能分析系统	⊙
	企业资源计划系统	●
	供应链管理系统	●
	基本业务办公系统	●
	客户管理系统	⊙
	供应链关系管理系统	●

续表

系统分类	系统名称	医药制造业
管理与集成	企业门户	⊙
	智能卡应用系统	⊙
	智能化集成系统	⊙
生产过程	数据采集与监视控制系统	●
	生产运作管理系统	⊙
	物流仓储管理系统	●
	质量管理及追溯系统	●
	设备维护管理系统	●
	生产刀具管理系统	—
	安灯管理系统	●
	防差错管理系统	●
	目视化管理系统	●
	设备联网系统	●
	基于定位的车间应用系统	⊙
	公用设施设备监控系统	●
	能效节能管理系统	⊙
研发设计	计算机辅助设计系统	⊙
	计算机辅助工程系统	⊙
	计算机辅助制造系统	●
	计算机辅助测试系统	●
	计算机辅助工艺过程设计	⊙
	产品数据管理系统	●
	虚拟产品开发系统	⊙
	产品全生命周期管理系统	●
	实验室设备联网系统	⊙
信息基础设施	信息接入系统	●
	计算机网络系统	●
	无线网络系统	⊙
	工业通信网络系统	●
	备份与存储系统	●
	服务器系统	●
	综合布线系统	●
	移动通信室内信号覆盖系统	⊙
	用户电话交换系统	●
	无线对讲系统	⊙
	信息引导及发布系统	⊙
	电子会议系统	⊙
	公共广播系统	●
	生产指挥调度中心/控制室	●
	数据中心	●
	信息设施系统机房	●
	消防安防监控中心	●
设备设施	智能生产单元	⊙
	智能物流仓储系统	●

续表

系统分类	系统名称	医药制造业
设备设施	机器人系统	⊙
	增材制造系统	—
	人机交互系统	●
	数字控制系统	●
	在线监测系统	●
	机器视觉识别系统	●
安全与职业健康	安全技术防范系统	●
	安全生产视频监控系统	●
	生产车间环境监测系统	●
	环保设备联网与控制系统	●
	安全仪表系统	●
	火灾自动报警系统	●
	安全设施系统	●
	车间安全生产管理系统	●
	生产应急指挥调度系统	●
	信息安全管理系统	●

注：●—应配置；⊙—宜配置；"—"—无

表A.6 非金属矿物制品业物理工厂的智能化系统配置表

系统分类	系统名称	非金属矿物制品业
知识	工厂知识管理系统	●
管理与集成	企业商业智能分析系统	⊙
	企业资源计划系统	●
	供应链管理系统	●
	基本业务办公系统	●
	客户管理系统	⊙
	供应链关系管理系统	●
	企业门户	⊙
	智能卡应用系统	⊙
	智能化集成系统	⊙
生产过程	数据采集与监视控制系统	●
	生产运作管理系统	●
	物流仓储管理系统	●
	质量管理及追溯系统	●
	设备维护管理系统	●
	生产刀具管理系统	—
	安灯管理系统	●
	防差错管理系统	●
	目视化管理系统	●
	设备联网系统	●
	基于定位的车间应用系统	⊙
	公用设施设备监控系统	●
	能效节能管理系统	●

智能制造基础共性标准研究成果（二）

续表

系统分类	系统名称	非金属矿物制品业
研发设计	计算机辅助设计系统	●
	计算机辅助工程系统	●
	计算机辅助制造系统	●
	计算机辅助测试系统	●
	计算机辅助工艺过程设计	●
	产品数据管理系统	●
	虚拟产品开发系统	●
	产品全生命周期管理系统	⊙
	实验室设备联网系统	⊙
信息基础设施	信息接入系统	●
	计算机网络系统	●
	无线网络系统	⊙
	工业通信网络系统	●
	备份与存储系统	●
	服务器系统	●
	综合布线系统	●
	移动通信室内信号覆盖系统	⊙
	用户电话交换系统	●
	无线对讲系统	⊙
	信息引导及发布系统	⊙
	电子会议系统	⊙
	公共广播系统	●
	生产指挥调度中心/控制室	●
	数据中心	●
	信息设施系统机房	●
	消防安防监控中心	●
设备设施	智能生产单元	⊙
	智能物流仓储系统	●
	机器人系统	⊙
	增材制造系统	●
	人机交互系统	●
	数字控制系统	●
	在线监测系统	●
	机器视觉识别系统	●
安全与职业健康	安全技术防范系统	●
	安全生产视频监控系统	●
	生产车间环境监测系统	●
	环保设备联网与控制系统	●
	安全仪表系统	●
	火灾自动报警系统	●
	安全设施系统	●
	车间安全生产管理系统	●
	生产应急指挥调度系统	●
	信息安全管理系统	●

注：●—应配置；⊙—宜配置；"—"—无

表 A.7 有色金属冶炼和压延加工业物理工厂的智能化系统配置表

系统分类	系统名称	有色金属冶炼和压延加工业
知识	工厂知识管理系统	●
管理与集成	企业商业智能分析系统	⊙
管理与集成	企业资源计划系统	●
管理与集成	供应链管理系统	●
管理与集成	基本业务办公系统	●
管理与集成	客户管理系统	⊙
管理与集成	供应链关系管理系统	●
管理与集成	企业门户	⊙
管理与集成	智能卡应用系统	⊙
管理与集成	智能化集成系统	⊙
生产过程	数据采集与监视控制系统	●
生产过程	生产运作管理系统	●
生产过程	物流仓储管理系统	●
生产过程	质量管理及追溯系统	●
生产过程	设备维护管理系统	●
生产过程	生产刀具管理系统	—
生产过程	安灯管理系统	●
生产过程	防差错管理系统	●
生产过程	目视化管理系统	●
生产过程	设备联网系统	●
生产过程	基于定位的车间应用系统	⊙
生产过程	公用设施设备监控系统	●
生产过程	能效节能管理系统	●
研发设计	计算机辅助设计系统	●
研发设计	计算机辅助工程系统	●
研发设计	计算机辅助制造系统	●
研发设计	计算机辅助测试系统	●
研发设计	计算机辅助工艺过程设计	●
研发设计	产品数据管理系统	●
研发设计	虚拟产品开发系统	⊙
研发设计	产品全生命周期管理系统	●
研发设计	实验室设备联网系统	⊙
信息基础设施	信息接入系统	●
信息基础设施	计算机网络系统	●
信息基础设施	无线网络系统	⊙
信息基础设施	工业通信网络系统	●
信息基础设施	备份与存储系统	●
信息基础设施	服务器系统	●
信息基础设施	综合布线系统	●
信息基础设施	移动通信室内信号覆盖系统	●
信息基础设施	用户电话交换系统	●
信息基础设施	无线对讲系统	⊙
信息基础设施	信息引导及发布系统	⊙
信息基础设施	电子会议系统	⊙

智能制造基础共性标准研究成果（二）

续表

系统分类	系统名称	有色金属冶炼和压延加工业
信息基础设施	公共广播系统	●
	生产指挥调度中心/控制室	●
	数据中心	●
	信息设施系统机房	●
	消防安防监控中心	●
设备设施	智能生产单元	⊙
	智能物流仓储系统	●
	机器人系统	⊙
	增材制造系统	—
	人机交互系统	●
	数字控制系统	●
	在线监测系统	●
	机器视觉识别系统	●
安全与职业健康	安全技术防范系统	●
	安全生产视频监控系统	●
	生产车间环境监测系统	●
	环保设备联网与控制系统	●
	安全仪表系统	●
	火灾自动报警系统	●
	安全设施系统	●
	车间安全生产管理系统	●
	生产应急指挥调度系统	●
	信息安全管理系统	●

注：●—应配置；⊙—宜配置；"—"—无

表 A.8 专用设备制造业物理工厂的智能化系统配置表

系统分类	系统名称	专用设备制造业
知识	工厂知识管理系统	●
管理与集成	企业商业智能分析系统	⊙
	企业资源计划系统	●
	供应链管理系统	●
	基本业务办公系统	●
	客户管理系统	⊙
	供应链关系管理系统	●
	企业门户	⊙
	智能卡应用系统	⊙
	智能化集成系统	⊙
生产过程	数据采集与监视控制系统	●
	生产运作管理系统	⊙
	物流仓储管理系统	●
	质量管理及追溯系统	●
	设备维护管理系统	●

续表

系统分类	系统名称	专用设备制造业
生产过程	生产刀具管理系统	●
	安灯管理系统	●
	防差错管理系统	●
	目视化管理系统	●
	设备联网系统	●
	基于定位的车间应用系统	⊙
	公用设施设备监控系统	●
	能效节能管理系统	⊙
研发设计	计算机辅助设计系统	●
	计算机辅助工程系统	●
	计算机辅助制造系统	●
	计算机辅助测试系统	●
	计算机辅助工艺过程设计	●
	产品数据管理系统	●
	虚拟产品开发系统	●
	产品全生命周期管理系统	●
	实验室设备联网系统	⊙
信息基础设施	信息接入系统	●
	计算机网络系统	●
	无线网络系统	⊙
	工业通信网络系统	●
	备份与存储系统	●
	服务器系统	●
	综合布线系统	●
	移动通信室内信号覆盖系统	●
	用户电话交换系统	⊙
	无线对讲系统	⊙
	信息引导及发布系统	⊙
	电子会议系统	●
	公共广播系统	⊙
	生产指挥调度中心/控制室	●
	数据中心	●
	信息设施系统机房	●
	消防安防监控中心	●
设备设施	智能生产单元	⊙
	智能物流仓储系统	●
	机器人系统	●
	增材制造系统	●
	人机交互系统	●
	数字控制系统	●

系统分类	系统名称	专用设备制造业
设备设施	在线监测系统	●
	机器视觉识别系统	●
安全与职业健康	安全技术防范系统	●
	安全生产视频监控系统	●
	生产车间环境监测系统	●
	环保设备联网与控制系统	●
	安全仪表系统	●
	火灾自动报警系统	●
	安全设施系统	●
	车间安全生产管理系统	●
	生产应急指挥调度系统	●
	信息安全管理系统	●

注：●—应配置；⊙—宜配置

表A.9 汽车制造业物理工厂的智能化系统配置表

系统分类	系统名称	汽车制造业
知识	工厂知识管理系统	●
管理与集成	企业商业智能分析系统	●
	企业资源计划系统	●
	供应链管理系统	●
	基本业务办公系统	●
	客户管理系统	⊙
	供应链关系管理系统	⊙
	企业门户	⊙
	智能卡应用系统	⊙
	智能化集成系统	⊙
生产过程	数据采集与监视控制系统	●
	生产运作管理系统	⊙
	物流仓储管理系统	●
	质量管理及追溯系统	●
	设备维护管理系统	●
	生产刀具管理系统	●
	安灯管理系统	●
	防差错管理系统	●
	目视化管理系统	●
	设备联网系统	●
	基于定位的车间应用系统	●
	公用设施设备监控系统	●
	能效节能管理系统	●
研发设计	计算机辅助设计系统	●
	计算机辅助工程系统	●
	计算机辅助制造系统	●
	计算机辅助测试系统	●

续表

系统分类	系统名称	汽车制造业
研发设计	计算机辅助工艺过程设计	●
	产品数据管理系统	●
	虚拟产品开发系统	●
	产品全生命周期管理系统	●
	实验室设备联网系统	⊙
信息基础设施	信息接入系统	●
	计算机网络系统	●
	无线网络系统	⊙
	工业通信网络系统	●
	备份与存储系统	●
	服务器系统	●
	综合布线系统	●
	移动通信室内信号覆盖系统	⊙
	用户电话交换系统	●
	无线对讲系统	⊙
	信息引导及发布系统	⊙
	电子会议系统	⊙
	公共广播系统	●
	生产指挥调度中心/控制室	●
	数据中心	●
	信息设施系统机房	●
	消防安防监控中心	●
设备设施	智能生产单元	⊙
	智能物流仓储系统	●
	机器人系统	●
	增材制造系统	●
	人机交互系统	●
	数字控制系统	●
	在线监测系统	●
	机器视觉识别系统	●
安全与职业健康	安全技术防范系统	●
	安全生产视频监控系统	●
	生产车间环境监测系统	●
	环保设备联网与控制系统	●
	安全仪表系统	●
	火灾自动报警系统	●
	安全设施系统	●
	车间安全生产管理系统	●
	生产应急指挥调度系统	●
	信息安全管理系统	●

注：●—应配置；⊙—宜配置

表 A.10 电气机械和器材制造业物理工厂的智能化系统配置表

系统分类	系统名称	电气机械和器材制造业
知识	工厂知识管理系统	●
管理与集成	企业商业智能分析系统	⊙
管理与集成	企业资源计划系统	●
管理与集成	供应链管理系统	●
管理与集成	基本业务办公系统	●
管理与集成	客户管理系统	●
管理与集成	供应链关系管理系统	●
管理与集成	企业门户	⊙
管理与集成	智能卡应用系统	⊙
管理与集成	智能化集成系统	⊙
生产过程	数据采集与监视控制系统	●
生产过程	生产运作管理系统	⊙
生产过程	物流仓储管理系统	●
生产过程	质量管理及追溯系统	●
生产过程	设备维护管理系统	●
生产过程	生产刀具管理系统	●
生产过程	安灯管理系统	●
生产过程	防差错管理系统	●
生产过程	目视化管理系统	●
生产过程	设备联网系统	●
生产过程	基于定位的车间应用系统	●
生产过程	公用设施设备监控系统	●
生产过程	能效节能管理系统	●
研发设计	计算机辅助设计系统	●
研发设计	计算机辅助工程系统	●
研发设计	计算机辅助制造系统	●
研发设计	计算机辅助测试系统	●
研发设计	计算机辅助工艺过程设计	●
研发设计	产品数据管理系统	●
研发设计	虚拟产品开发系统	●
研发设计	产品全生命周期管理系统	●
研发设计	实验室设备联网系统	●
信息基础设施	信息接入系统	●
信息基础设施	计算机网络系统	●
信息基础设施	无线网络系统	⊙
信息基础设施	工业通信网络系统	●
信息基础设施	备份与存储系统	●
信息基础设施	服务器系统	●
信息基础设施	综合布线系统	●
信息基础设施	移动通信室内信号覆盖系统	⊙
信息基础设施	用户电话交换系统	●
信息基础设施	无线对讲系统	⊙
信息基础设施	信息引导及发布系统	⊙
信息基础设施	电子会议系统	⊙

续表

系统分类	系统名称	电气机械和器材制造业
信息基础设施	公共广播系统	●
	生产指挥调度中心/控制室	●
	数据中心	●
	信息设施系统机房	●
	消防安防监控中心	●
设备设施	智能生产单元	⊙
	智能物流仓储系统	●
	机器人系统	●
	增材制造系统	⊙
	人机交互系统	●
	数字控制系统	●
	在线监测系统	●
	机器视觉识别系统	●
安全与职业健康	安全技术防范系统	●
	安全生产视频监控系统	●
	生产车间环境监测系统	●
	环保设备联网与控制系统	●
	安全仪表系统	●
	火灾自动报警系统	●
	安全设施系统	●
	车间安全生产管理系统	●
	生产应急指挥调度系统	●
	信息安全管理系统	●

注：●—应配置；⊙—宜配置

表A.11 仪器仪表制造业物理工厂的智能化系统配置表

系统分类	系统名称	仪器仪表制造业
知识	工厂知识管理系统	●
管理与集成	企业商业智能分析系统	⊙
	企业资源计划系统	●
	供应链管理系统	●
	基本业务办公系统	●
	客户管理系统	⊙
	供应链关系管理系统	●
	企业门户	⊙
	智能卡应用系统	⊙
	智能化集成系统	⊙
生产过程	数据采集与监视控制系统	●
	生产运作管理系统	⊙
	物流仓储管理系统	●
	质量管理及追溯系统	●
	设备维护管理系统	●
	生产刀具管理系统	●
	安灯管理系统	●

智能制造基础共性标准研究成果（二）

续表

系统分类	系统名称	仪器仪表制造业
生产过程	防差错管理系统	●
	目视化管理系统	●
	设备联网系统	●
	基于定位的车间应用系统	⊙
	公用设施设备监控系统	●
	能效节能管理系统	⊙
研发设计	计算机辅助设计系统	●
	计算机辅助工程系统	●
	计算机辅助制造系统	●
	计算机辅助测试系统	●
	计算机辅助工艺过程设计	●
	产品数据管理系统	●
	虚拟产品开发系统	●
	产品全生命周期管理系统	●
	实验室设备联网系统	⊙
信息基础设施	信息接入系统	●
	计算机网络系统	●
	无线网络系统	⊙
	工业通信网络系统	●
	备份与存储系统	●
	服务器系统	●
	综合布线系统	●
	移动通信室内信号覆盖系统	⊙
	用户电话交换系统	●
	无线对讲系统	⊙
	信息引导及发布系统	⊙
	电子会议系统	⊙
	公共广播系统	●
	生产指挥调度中心/控制室	●
	数据中心	●
	信息设施系统机房	●
	消防安防监控中心	●
设备设施	智能生产单元	⊙
	智能物流仓储系统	●
	机器人系统	⊙
	增材制造系统	⊙
	人机交互系统	●
	数字控制系统	●
	在线监测系统	●
	机器视觉识别系统	●
安全与职业健康	安全技术防范系统	●
	安全生产视频监控系统	●
	生产车间环境监测系统	●
	环保设备联网与控制系统	●

续表

系统分类	系统名称	仪器仪表制造业
安全与职业健康	安全仪表系统	●
	火灾自动报警系统	●
	安全设施系统	●
	车间安全生产管理系统	●
	生产应急指挥调度系统	●
	信息安全管理系统	●

注：●—应配置；⊙—宜配置

表 A.12 纺织服装、服饰业物理工厂的智能化系统配置表

系统分类	系统名称	纺织服装、服饰业
知识	工厂知识管理系统	●
管理与集成	企业商业智能分析系统	⊙
	企业资源计划系统	●
	供应链管理系统	●
	基本业务办公系统	●
	客户管理系统	⊙
	供应链关系管理系统	●
	企业门户	●
	智能卡应用系统	⊙
	智能化集成系统	⊙
生产过程	数据采集与监视控制系统	●
	生产运作管理系统	⊙
	物流仓储管理系统	●
	质量管理及追溯系统	●
	设备维护管理系统	●
	生产刀具管理系统	—
	安灯管理系统	●
	防差错管理系统	●
	目视化管理系统	●
	设备联网系统	●
	基于定位的车间应用系统	⊙
	公用设施设备监控系统	●
	能效节能管理系统	⊙
研发设计	计算机辅助设计系统	●
	计算机辅助工程系统	●
	计算机辅助制造系统	●
	计算机辅助测试系统	●
	计算机辅助工艺过程设计	●
	产品数据管理系统	●
	虚拟产品开发系统	⊙
	产品全生命周期管理系统	●
	实验室设备联网系统	⊙

续表

系统分类	系统名称	纺织服装、服饰业
信息基础设施	信息接入系统	●
	计算机网络系统	●
	无线网络系统	●
	工业通信网络系统	⊙
	备份与存储系统	●
	服务器系统	●
	综合布线系统	●
	移动通信室内信号覆盖系统	⊙
	用户电话交换系统	●
	无线对讲系统	⊙
	信息引导及发布系统	⊙
	电子会议系统	⊙
	公共广播系统	●
	生产指挥调度中心/控制室	●
	数据中心	●
	信息设施系统机房	●
	消防安防监控中心	●
设备设施	智能生产单元	⊙
	智能物流仓储系统	●
	机器人系统	⊙
	增材制造系统	⊙
	人机交互系统	●
	数字控制系统	●
	在线监测系统	●
	机器视觉识别系统	●
安全与职业健康	安全技术防范系统	●
	安全生产视频监控系统	●
	生产车间环境监测系统	●
	环保设备联网与控制系统	●
	安全仪表系统	●
	火灾自动报警系统	●
	安全设施系统	●
	车间安全生产管理系统	●
	生产应急指挥调度系统	●
	信息安全管理系统	●

注：●—应配置；⊙—宜配置；"—"—无。

成果六

智能工厂建设导则
第2部分：虚拟工厂建设要求

前　言

GB/T《智能工厂建设导则》目前分为 3 个部分：
——第 1 部分：物理工厂智能化系统。
——第 2 部分：虚拟工厂建设要求。
——第 3 部分：智能工厂设计文件编制要求。
本标准为其中第 2 部分。
本标准按照 GB/T 1.1—2009 给出的规则起草。
本标准由工业和信息化部提出。
本标准由工业和信息化部（电子）归口。
本标准起草单位：机械工业第六设计研究院有限公司、国机工业互联网研究院（河南）有限公司、中国电子技术标准化研究院、郑州磨料磨具磨削研究所有限公司、红云红河烟草（集团）有限责任公司红河卷烟厂、东南大学。
本标准起草人员：朱恺真、刘莹、关俊涛、王海霞、王林军、杜旭、廉小磊、于彪、冯卫闯、韦莎、廖胜蓝、赵炯、何毅、孙辉。

智能工厂建设导则 第2部分：虚拟工厂建设要求

1 范围

本标准规定了虚拟工厂建设的相关内容，主要包括建设内容、模型要求、工艺仿真要求、性能仿真要求、建造仿真要求等。

本标准适用于虚拟试生产、生产系统优化，以及新建、改建和扩建项目的虚拟工厂建设。

2 规范性引用文件

下列文件对于本文件的应用是必不可少的。凡是注日期的引用文件，仅注日期的版本适用于本文件。凡是不注日期的引用文件，其最新版本（包括所有的修改单）适用于本文件。

GB/T 26101—2010 机械产品虚拟装配通用技术要求

GBZ 32235—2015 工业过程测量、控制和自动化 生产设施表示用参考模型（数字工厂）

3 术语和定义

以下术语和定义适用于本标准。

3.1

虚拟工厂 virtual plant

虚拟工厂是物理工厂在虚拟空间中的映射，用于表示设备设施/工装器具、物料材料、场地环境等基本元素及其行为和关系。

3.2

工厂模型 plant model

工厂模型是对工厂中各类设施、设备几何形状、物理特征和功能特性的数字化表达，以及对相关策划、设计、分析和过程管理等要素的数字化定义。

4 建设内容

虚拟工厂建设需要创建的模型内容主要包括产品模型、工厂模型、过程模型和架构模型4种类型，各类模型组成如图1所示。模型与物理工厂各系统的对应关系可参见附录A。

模型														
产品模型				工厂模型			过程模型			架构模型				
产品几何模型	产品物理模型	产品模块化模型	产品知识模型	工厂几何模型	工厂物理模型	工厂模块化模型	工厂知识模型	过程活动模型	过程数据模型	过程知识模型	系统功能模型	组织资源模型	网络拓扑模型	智能系统模型	软硬件物理模型	架构接口模型	架构知识模型

图 1 虚拟工厂模型组成

运用信息模型开展的仿真内容主要包括工艺仿真、性能仿真和建造仿真 3 种类型，各类仿真内容组成如图 2 所示。

仿真											
工艺仿真					性能仿真					建造仿真	
工厂/车间布局仿真	工厂/车间物流仿真	生产过程仿真	装配/加工过程仿真	人机仿真	机器人仿真	室外风环境仿真	室内气流组织仿真	粉尘仿真	噪声仿真	光环境仿真	热辐射仿真	施工工艺仿真	施工组织仿真

图 2 虚拟工厂仿真内容组成

5 模型要求

5.1 工厂模型

工厂模型主要包括设施设备模型、工装模型、场地环境类模型等，各类模型的要求如下（部分具体要求见附录B）。

5.1.1 工厂几何模型

工厂几何模型是工厂中各类设施、设备几何形状的数字化表达（主要内容可参见附录B）。模型要求如下：

a) 每个模型应为独立对象。
b) 在满足各级别模型细节层次要求的情况下，应尽量减少几何模型的面数。
c) 对重复利用的模型，宜建立模型库。

5.1.2 工厂物理模型

工厂物理模型是工厂中各类设施、设备物理特征和功能特性等非几何形状的数字化表达。模型要求如下：

a) 应说明工厂模型的功能特性。
b) 应说明工厂模型的性能特性。

5.1.3 工厂模块化模型

工厂模块化模型是工厂组成结构中可组合、分解和更换的数字化表达及相关策划、设计、分析和过程管理等要素的数字化定义。模型要求如下：
a）应包含工厂模块主模型。
b）应包括工厂模块化模型的事物特性表。
c）应包含工厂模块化模型主结构。
d）应包含工厂模块化模型主文档。

5.1.4 工厂知识模型

工厂知识模型是对工厂知识资源、知识载体，以及知识之间相互关系的可视化表达。模型要求如下：
a）应对工厂的各种知识、知识的价值进行描述。
b）应对工厂的各种知识的适应范围进行描述。
c）应对工厂的各种知识间的关系进行描述。

5.2 产品模型

5.2.1 产品几何模型

产品几何模型是产品几何形状的数字化表达。模型要求如下：
a）产品几何模型应说明产品的结构，产品制造使用、维护的依据。
b）每个模型应为独立对象。
c）对重复利用的模型，宜建立模型库。

5.2.2 产品物理模型

产品物理模型是产品物理特征和功能特性等非几何形状的数字化表达。模型要求如下：
a）应说明产品模型的功能特性。
b）应说明产品模型的性能特性。
附录C是一个传感器设备的性能和功能特性的例子。

5.2.3 产品模块化模型

产品模块化模型是产品组成结构中可组合、分解和更换的一个特定功能单元的数字化表达及相关策划、设计、分析和过程管理等要素的数字化定义。模型要求如下：
a）应包含产品模块主模型。
b）应包含产品模块化模型的事物特性表。
c）应包含产品模块化模型主结构。
d）应包含产品模块化模型主文档。

5.2.4 产品知识模型

产品知识模型是面向产品全生命周期管理的知识资源、知识载体，以及知识之间相互关系的可视化表达。模型要求如下：
a）应对产品的各种知识、知识的价值进行描述。
b）应对产品的各种知识的适应范围进行描述。
c）应对产品的各种知识间的关系进行描述。

5.3 过程模型

5.3.1 过程活动模型

过程活动模型是工厂建设及运行过程中相关业务所包含的活动、活动之间的关系及其先后顺序的表达。模型要求如下：
- a) 应包含模型运行的过程信息。
- b) 应包含模型运行过程中需要的资源信息。
- c) 应包含模型运行中的输入和输出信息。
- d) 应包含过程模型中各子模型的运行逻辑关系。

5.3.2 过程数据模型

过程数据模型是从过程数据传递和加工角度，对工厂建设及运行过程中相关业务系统的表达。模型要求如下：
- a) 应包含过程运行中输入数据的类型、数据精度和数据范围。
- b) 应包含过程运行中产生数据的类型和数据精度。

5.3.3 过程知识模型

过程知识模型是工厂过程活动运行形成的相关知识资源及知识之间相互关系的可视化表达。模型要求如下：
- a) 应对过程运行需要的各种知识、知识的价值进行描述。
- b) 应对过程运行需要的各种知识的适应范围进行描述。
- c) 应对过程运行需要的各种知识间的关系进行描述。

5.4 架构模型

5.4.1 系统功能模型

系统功能模型是工厂相关系统的功能组成及各功能间逻辑关系的表达。模型要求如下：
- a) 应包含系统模型的功能特性。
- b) 应包含系统内各模型之间的关系特性。

5.4.2 组织资源模型

组织资源模型是工厂为实现相关业务目标所建立的，对人员或资源组合关系的表达。模型要求如下：
- a) 应包含人的特性、资格测试信息和人员能力等。
- b) 应包含设备特性、设备能力、设备能力试验信息和设备维护信息等。
- c) 应包含物料特性、物料批量、物料能力、质量保证实验信息和执行质量保证试验信息等。
- d) 应包含与过程相关的组织结构。
- e) 应包含与过程相关的网络结构。

5.4.3 网络拓扑模型

网络拓扑模型是指对用传输介质连接的各种设备的物理布局的描述。模型要求如下：
- a) 应包含表达网络服务器、工作站的网络配置以及相互间的连接信息。
- b) 应对连接宽带、连接延迟、连接花费和连接丢包率等连接属性进行表述。
- c) 应对网络结构安全、访问控制和入侵防范等安全信息进行说明。

5.4.4 软硬件物理模型

软硬件物理模型是对智能工厂相关信息网络系统所需的硬件、软件系统环境配置的表达。模型要求如下：
a）应包含计算机、服务器和存储备份等信息设备。
b）应说明服务器运算能力。
c）应说明操作系统、数据库和中间件等信息。

5.4.5 智能系统模型

智能系统模型是对智能工厂相关的智能化系统功能组成及功能间逻辑关系的表达。模型要求如下：
a）应包括数据采集系统、过程控制系统、制造执行系统、产品全生命周期系统、企业资源计划系统、自动化物流系统、自动化检测系统等的运行机制。
b）应说明各子系统之间的信息交互机制。
c）应说明系统输出数据的属性。

5.4.6 架构接口模型

架构接口模型是智能工厂智能设备相关接口分布、传输协议、输入及输出信息等的可视化表达。模型要求如下：
a）应包含用户操作和反馈结果等信息。
b）应包含硬件输入输出、网络传输协议等信息。
c）应包含模块间传值、数据传递等信息。

5.4.7 架构知识模型

架构知识模型是工厂建设过程中形成的各类架构模型相关知识资源及知识之间相互关系的可视化表达。模型要求如下：
a）应对架构中各种知识及知识的价值进行描述。
b）应对架构中各种知识的适应范围进行描述。
c）应对架构中各种知识间的关系进行描述。

6 工艺仿真要求

6.1 工艺仿真总体要求

工艺仿真总体要求如下：
a）工艺仿真模型宜完整包含工厂/车间布局仿真、物流仿真、生产过程仿真、装配/加工过程仿真、人机工效仿真、机器人仿真等模型内容，也可根据实际需求包含上述部分仿真模型内容。
b）工艺仿真宜先进行整个工艺仿真系统的逻辑过程总体设计，然后进行各仿真子系统或仿真单元的研究。
c）工厂/车间布局仿真模型和物流仿真模型应包含物流仓储系统、机器人系统等工厂模型，产品模型，以及与之关联的过程模型等；生产过程仿真模型包括设备设施等工厂模型，产品模型，与生产运行相关的过程模型，组织资源、系统功能等架构模型；装配/加工过程仿真模型、人机工效仿真模型以及机器人仿真模型包括生产设备、工装、机器人等工厂模型，产品模型，与生产工艺过程相关的过程模型，组织资源、系统功能等架构模型。

d) 工艺仿真模型宜体现工厂/车间布局仿真、物流仿真、生产过程仿真、装配/加工过程仿真、人机工效仿真、机器人仿真等模型之间的逻辑关系和数据流关系，各工艺仿真单元之间的关系如图3所示。

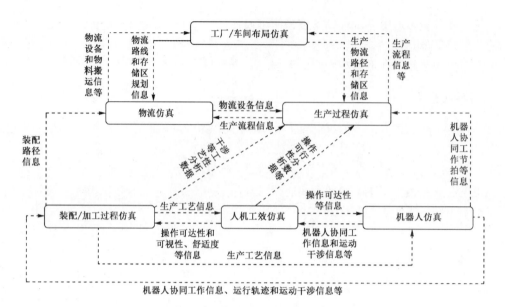

图3 工艺仿真单元之间的关系

6.2 工厂/车间布局仿真要求

6.2.1 工厂/车间布局仿真模型要求

工厂/车间布局仿真模型要求如下：
a) 应包含工厂基本几何模型、空间定位和关系定义。
b) 定义有工厂/车间的布局范围。
c) 三维环境下的布局需考虑模型的三维显示及模型的可视化。

6.2.2 数据准备要求

为工厂/车间布局仿真的场景初始化提供数据支持，其格式能够被所使用的工厂/车间布局系统所接受，工厂/车间布局仿真数据准备要求如下：
a) 工厂/车间布局信息。
b) 物料（产品）的特征、数量及种类。
c) 物料（产品）搬运的距离和频次。
d) 作业单位所需地面面积。
e) 设备和辅助装置相关数据。
f) 生产路线（工艺过程）规划数据。
g) 仿真场景初始化信息。

6.2.3 仿真分析要求

用户通过交互设备，在虚拟场景中对工厂/车间布局过程进行仿真优化，在操作过程中记录必要的信息供随后的生产过程分析和规划使用，主要包括物料（产品）搬运的距离和频次、各物流路径物流量数据等信息。

工厂/车间布局仿真分析的要求如下：
a）物料（产品）搬运的距离和频次分析。
b）检验运输路线是否存在交叉和重复往返。
c）检验是否存在生产迂回。
d）物流路径的物流量分析。

6.2.4 仿真结果的评定与要求

工厂/车间布局仿真结果可以通过以下方式进行评定：
a）应检验物流通道是否通畅，运输工具选择是否合适，三维空间的运输是否存在交叉。
b）应进行货架暂存、仓储及运转空间合理性检验。
c）应进行生产迂回现象存在性排查。
d）应形成最小总物流量分析报告。

6.3 物流仿真要求

6.3.1 物流仿真模型要求

物流仿真模型要求如下：
a）应包含厂区/车间布局、物流路线、仓储缓存区域信息。
b）应包含物流设备和辅助相关设备的行为逻辑和属性信息。
c）应包含物流设备之间的连接关系信息。
d）应包含物流设备、产品之间的逻辑关系信息。
e）物流过程应满足相关物流工艺要求。
f）应包含物流过程中的输入、输出数据的类型、范围和精度信息。

6.3.2 数据准备要求

为物流仿真的场景初始化提供数据支持，其格式能够被所使用的物流系统所接受，物流仿真数据准备要求如下：
a）物流运输规划数据。
b）物流运输产品种类和数量等。
c）装卸/运输的产品（物料）种类和数量等。
d）运输/装卸设备数据信息。
e）存储/缓冲区数量和大小。
f）物流路线规划数据。
g）仓储缓存区域规划数据。
h）全厂/车间生产计划和任务分解关系数据。
i）工艺流程清单和任务持续时间。
j）仿真场景初始化信息。

6.3.3 仿真分析要求

用户通过交互设备在物流场景中对物流系统模型中各物流产品（物料）的传送过程进行操作仿真，在物流过程中记录必要的信息供随后的物流过程分析和规划使用，主要包括物料平衡、物流交叉和迂回、物流路径的物流量、物流系统的运输量、物流设备运输距离和运输次数、各类物流运输设备的运行参数等信息。

工厂物流仿真分析的要求如下：
a）物流量分析。
b）物料（产品）搬运的距离和频次分析。
c）生产迂回和倒流分析。
d）物流设备负荷率分析。

6.3.4 仿真结果的评定与要求

物流仿真结果可以通过以下方式进行评定：
a）应综合物流系统的物流量以及物品的流距等，形成物流运输方案。
b）应根据是否存在生产迂回和倒流现象验证物料流动性。
c）应根据物料的搬运距离和频次分析并控制在制品的库存量。
d）应根据各物流路径的物流量、物流设备利用率和负荷率等，形成物流平衡性分析报告。

6.4 生产过程仿真要求

6.4.1 生产过程仿真模型要求

生产过程仿真模型要求如下：
a）应包含生产设备和辅助生产设备的行为逻辑和属性信息。
b）应包含生产设备之间的连接关系信息。
c）应包含生产设备、部件之间的逻辑关系信息。
d）应包含生产过程中的输入、输出数据的类型、范围和精度信息。

6.4.2 数据准备要求

为生产过程仿真的场景初始化提供数据支持，其格式能够被所使用的生产系统接受，生产过程仿真数据准备要求如下：
a）详细生产工艺流程。
b）各工序能保证工艺需求的工序时间。
c）各工位所需操作人员数量。
d）产成品类别和所占比例。
e）详细生产计划。
f）设备最大生产能力。
g）辅助设备型号规格。
h）仿真场景初始化信息。

6.4.3 仿真分析要求

用户通过交互设备，在生产场景中对生产系统相关模型的各产品（物料）的生产过程进行仿真，在生产过程中记录必要的信息供随后的生产过程分析和规划使用，主要包括生产瓶颈、生产节拍、在制品数、生产产出、物料储存区的容量、工艺设备和生产物流设备的利用率及负荷率等信息。

生产过程仿真分析的要求如下：
a）生产节拍分析。
b）在制品库存分析。
c）生产能力分析。
d）生产周期分析。

e）生产计划完成率分析。
f）生产计划完成时间分析。

6.4.4 仿真结果的评定与要求

生产过程仿真结果可以通过以下方式进行评定：
a）应进行工序同期化验证。
b）应根据设备利用率、缓存区利用率、平均在制品数以及平均流通时间，对生产线的平衡性进行分析，并形成生产线平衡分析报告。
c）应根据生产工时进行生产效率分析，并形成生产效率分析报告。

6.5 装配/加工过程仿真要求

6.5.1 装配/加工过程仿真模型要求

装配/加工过程仿真模型要求如下：
a）应包含生产设备机台工位生产任务的分解计划信息。
b）工装夹具及自动上下料装置的布置应满足生产工艺的要求。
c）装配过程的动作序列应满足相关工艺的要求。
d）应包含生产设备、部件之间的关系逻辑信息。

6.5.2 数据准备要求

为装配过程仿真的场景初始化提供数据支持，其格式能够被所使用的装配系统接受，装配过程仿真数据准备要求如下：
a）装配工艺数据。
b）装配工艺顺序数据。
c）零部件的特征数据。
d）装配设备的行为数据。
e）仿真场景初始化信息。

6.5.3 仿真分析要求

用户通过交互设备，在虚拟装配场景中对装配产品的装配过程进行操作仿真，或对已经装配好的对象进行拆卸操作仿真，在装配操作过程中记录必要的信息供随后的装配过程分析和规划使用，主要包括装配单元的操作序列信息、装配单元装配顺序与运动路径、装配环境模型与装配单元之间的位置关系等信息。

装配过程仿真分析的要求如下：
a）综合产品装配单元的装配顺序和装配路径，形成装配过程序列。
b）装配单元在装配环境中的装配过程的碰撞分析等。
c）产品装配单元的装配顺序或装配路径验证分析。
d）工装夹具验证。
e）操作规程可视化分析。

6.5.4 仿真结果的评定与要求

装配过程的仿真结果可以通过以下方式进行评定：
a）应进行装配模型的干涉或间隙检查。
b）应形成产品装配单元的装配顺序、装配路径报告，供工艺设计参考。

c）应根据 b）的装配顺序和装配路径，形成产品装配单元，进行装配过程模拟后产生的碰撞、协调性、工艺性等分析报告。

6.6 人机工效仿真要求

6.6.1 人机工效仿真模型要求

人机工效仿真模型要求如下：
a）应创建有人体数字模型，包含人体尺寸、质量和群体信息。
b）应创建有生产部件的几何信息，包含部件的工艺信息、性能信息。
c）应包含人体、生产设备、部件之间的逻辑关系信息。

6.6.2 数据准备要求

为人机仿真的场景初始化提供数据支持，其格式能够被所使用的人机系统接受，人机工效仿真数据准备要求如下：
a）仿真场景初始化信息。
b）人体几何模型。
c）生产工艺数据。
d）生产操作类型数据。
e）工作台参数。
f）零部件的特征数据。
g）车间及地面数据。
h）保证工艺需求的操作时间。
i）人体操作参考位置数据。

6.6.3 仿真分析要求

用户通过交互设备，在虚拟人机作业场景中对产品的生产过程进行操作仿真，在操作过程中记录必要的信息供随后的生产过程分析和规划使用，主要包括操作人员的作业强度、操作人员操作的可达性、操作人员操作的可见性等信息。

人机工效仿真分析的要求如下：
a）按照生产过程中操作者所使用的工具、所处位置和作业姿势，并根据人体尺寸数据，分析工人作业空间和作业姿势的合理性，进而进行操作者的舒适性分析。
b）根据操作者的操作空间和生产单元布局进行产品的可达性和可视性分析。
c）人体活动分析，包括提举分析、推/拉分析、搬运分析等。

6.6.4 仿真结果的评定与要求

人机工效仿真结果可以通过以下方式进行评定：
a）应进行操作可视性和可达性验证。
b）应进行作业空间的合理性验证。
c）应进行搬运操作可行性验证。
d）应根据 a）、b）、c）形成疲劳度、舒适度、可视性、可达性以及搬运指数等验证分析报告。

6.7 机器人仿真要求

6.7.1 机器人仿真模型要求

机器人仿真模型要求如下：
a）创建有机器人几何模型。
b）应包含机器人的功能和性能特性信息。
c）创建机器人的工作空间信息。

6.7.2 数据准备要求

为机器人仿真的场景初始化提供数据支持，其格式能够被所使用的机器人运行系统接受，机器人仿真数据准备要求如下：
a）机器人几何模型。
b）机器人工作空间数据。
c）机器人运行自由度。
d）机器人运动精度数据。
e）机器人动态特性数据。
f）仿真场景初始化信息。

6.7.3 仿真分析要求

用户通过交互设备，在虚拟机器人作业场景中对产品的生产过程进行操作仿真，在操作过程中记录必要的信息供随后的生产过程分析和规划使用，主要包括机器人操作序列、机器人运行轨迹、机器人运动干涉等信息。

机器人仿真分析的要求如下：
a）机器人协同工作节拍分析。
b）机器人在生产过程中的运动干涉检查。
c）机器人运行轨迹验证。

6.7.4 仿真结果的评定与要求

机器人仿真结果可以通过以下方式进行评定：
a）应进行机器人协同工作节拍验证。
b）应进行运动干涉检查。
c）应结合运行轨迹分析结果，形成机器人操作序列报告。

7 性能仿真要求

7.1 室外风环境仿真要求

7.1.1 室外风环境仿真模型要求

室外风环境仿真模型要求如下：
a）创建建筑物、周边障碍物的几何模型、外部流域模型。
b）应根据工程实际确定计算区域的形状、大小、空间相对位置，以及空间内各部分的相对位置，以建立模型。
c）模型宜适当简化，保留与研究相关的模型信息，与研究无关的信息可根据需要进行体量化或直接删除。

7.1.2 数据准备要求

数据准备要求如下:
a) 宜以当地气象资料作为模拟边界输入条件,还应考虑周边建筑环境的影响;当不能获得建筑周围区域的风环境统计资料时,边界风速取值应参照风洞试验结果。
b) 近壁区宜采用壁面函数法进行处理。对于未考虑粗糙度的情况,采用指数关系式修正粗糙度带来的影响;对于实际建筑的几何再现,应采用适应实际地面条件的边界条件;对于光滑壁面应采用对数定律。
c) 若采用对称面简化计算区域,应保证物理和几何条件对称。

7.1.3 仿真分析要求

仿真分析要求如下:
a) 风速场模拟分析。
b) 风洞效应和涡流死角区域模拟分析。
c) 正压区和负压区模拟分析。

7.1.4 仿真结果的评定与要求

仿真结果的评定与要求如下:
a) 应形成包括计算模型和计算域的网格说明、边界条件设置说明、湍流模型、差分格式、算法等内容的数值模拟说明文件。
b) 应形成包含速度、压力等相关物理变量的矢量图、云图等最终计算结果分析报告。

7.2 室内气流组织仿真要求

7.2.1 室内气流组织仿真模型要求

室内气流组织仿真模型要求如下:
a) 创建室内风口、人、障碍物等物体的几何模型、流域模型。
b) 应根据工程实际确定计算区域的形状、大小、空间相对位置,以及空间内各部分的相对位置等,以建立模型。
c) 模型宜适当简化,保留与研究相关的模型信息,与研究无关的信息可根据需要进行体量化或直接删除。

7.2.2 数据准备要求

数据准备要求如下:
a) 风口宜给出入口处的速度、温度、湍流强度等参数。湍流强度宜由实验测试得到。边界条件宜给出出口断面平均流速或回风口阻力系数等。
b) 近壁区宜采用壁面函数法进行处理。对于未考虑粗糙度的情况,采用指数关系式修正粗糙度带来的影响;对于实际建筑的几何再现,宜采用适应实际地面条件的边界条件;对于光滑壁面宜采用对数定律。
c) 若采用对称面简化计算区域,应保证物理和几何条件对称。

7.2.3 仿真分析要求

仿真分析要求如下:
a) 空调系统模拟。
b) 建筑自然通风模拟。
c) 污染物扩散模拟。

7.2.4 仿真结果的评定与要求

仿真结果的评定与要求如下：
a) 应形成包括计算模型和计算域的网格说明、边界条件设置说明、湍流模型、差分格式、算法等内容的数值模拟说明文件。
b) 应形成包含速度、压力、换气次数（空气龄）等相关物理变量的矢量图、云图等最终计算结果分析报告。

7.3 粉尘仿真要求

7.3.1 粉尘仿真模型要求

粉尘仿真模型要求如下：
a) 创建室内污染源、除尘设施、障碍物等物体的几何模型和流域模型。
b) 应根据工程实际确定计算区域的形状、大小、空间相对位置，以及空间内各部分的相对位置，以建立模型。
c) 模型宜适当简化，保留与研究相关的模型信息，与研究无关的信息可根据需要进行体量化或直接删除。

7.3.2 数据准备要求

数据准备要求如下：
a) 应给出粉尘颗粒物的密度、体积、扩散系数、黏度等物理属性参数。
b) 通风进风口宜给出入口处的速度、温度、湍流强度等参数。湍流强度宜由实验测试得到。边界条件宜给出出口断面平均流速或回风口阻力系数等。
c) 近壁区宜采用壁面函数法进行处理。对于未考虑粗糙度的情况，宜采用指数关系式修正粗糙度带来的影响；对于实际建筑的几何再现，宜采用适应实际地面条件的边界条件；对于光滑壁面采用对数定律。
d) 若采用对称面简化计算区域，应保证物理和几何条件对称。

7.3.3 仿真分析要求

仿真分析要求如下：
a) 粉尘浓度分布分析。
b) 粉尘扩散模拟。

7.3.4 仿真结果的评定与要求

仿真结果的评定与要求如下：
a) 应形成包括计算模型和计算域的网格说明、边界条件设置说明、湍流模型、差分格式和算法等内容的数值模拟说明文件。
b) 应形成包含污染物浓度、速度、压力等相关物理变量的矢量图、云图等最终计算结果分析报告。

7.4 噪声仿真要求

7.4.1 噪声仿真模型要求

噪声仿真模型要求如下：
a) 创建噪声源、吸声设施、噪音受体、障碍物等物体的几何模型和计算区域模型。
b) 应根据工程实际确定计算区域的形状、大小、空间相对位置，以及空间内各部分的相对位置，以建立模型。

c) 模型宜适当简化，保留与研究相关的模型信息，与研究无关的信息可根据需要进行体量化或直接删除。

7.4.2 数据准备要求

数据准备要求如下：

a) 宜以实测数据作为模拟边界输入条件，还应考虑周边建筑环境的影响；当不能获得相关资料时，边界取值应参照相应经验或统计结果。

b) 室外噪声模拟时，道路模型选取应符合我国现行国家标准（或地方标准），如遇特殊情况需选用相近模型时，须做出必要说明，并给出误差范围。

c) 室内噪声模拟时，如无法获得噪声源的实测值，应依据附带检测证书的产品检测报告上的数据取值。

d) 针对不同研究对象及研究目的合理选择相应的计算方法（边界元、有限元、无限元）。

7.4.3 仿真分析要求

仿真分析要求如下：

a) 室内噪声模拟，包括生产噪声和电梯噪声等。

b) 室外噪声模拟，包括空调室外机噪声和周边道路噪声等。

7.4.4 仿真结果的评定与要求

仿真结果的评定与要求如下：

a) 应形成声学模拟基本前处理数据文件，文件内容应包括计算模型、计算域的网格说明、边界条件设置说明等内容。

b) 宜进行全局声环境分析，至少提供全局声压级分布云图和全局声压级分布鸟瞰图，若有声敏感区域，则须提供该区域声环境细节图。

7.5 光环境仿真要求

7.5.1 光环境仿真模型要求

光环境仿真模型要求如下：

a) 创建光源、障碍物等物体的几何模型和计算区域模型。

b) 应根据工程实际确定计算区域的形状、大小、空间相对位置，以及空间内各部分的相对位置，以建立模型。

c) 模型宜适当简化，保留与研究相关的模型信息，与研究无关的信息可根据需要进行体量化或直接删除。

7.5.2 数据准备要求

数据准备要求如下：

a) 材质信息。材质须描述物体表面与光线进行交互时所表现出来的性质。

b) 光源信息。人工照明模拟中的光源一般是通过配光曲线定义的，自然采光模拟中的光源一般是天空模型来定义。

c) 时间表。在光环境模拟中，人员行为及自然采光和照明系统的控制策略通常表现为时间表（Schedule），即通过各种时间表来模拟全年中的人员作息和设备运行情况。

d) 气象数据。静态光环境模拟中，一般不需要使用气象数据，此项可省略。

e) 其他参数。包括视角参数、定位参数和计算参数。

7.5.3 仿真分析要求

仿真分析要求如下：
a) 自然采光模拟。
b) 人工照明模拟。
c) 动态光环境模拟。

7.5.4 仿真结果的评定与要求

仿真结果的评定与要求如下：
a) 应进行光控照明节能分析。
b) 应进行全局照度分析。
c) 应形成光环境模拟报告，报告应包括材质、气象数据、参数设置等基本前处理数据，宜包含室内照度、照度均匀度、数字化伪彩色图、照明功率密度等内容。

7.6 热辐射仿真要求

7.6.1 热辐射仿真模型要求

热辐射仿真模型要求如下：
a) 创建室内热源、隔热设施、人、障碍物等物体的几何模型、流域模型。
b) 应根据工程实际确定计算区域的形状、大小、空间相对位置，以及空间内各部分的相对位置，以建立模型。
c) 模型宜适当简化，保留与研究相关的模型信息，与研究无关的信息可根据需要进行体量化或直接删除。

7.6.2 数据准备要求

数据准备要求如下：
a) 对于固定壁面应根据实际情况定义温度、热流、对流换热系数以及辐射等参数。
b) 通风进风口宜给出入口处的速度、温度、湍流强度等参数。湍流强度宜由实验测试得到。出流边界条件宜给出出口断面平均流速或回风口阻力系数等。
c) 近壁区宜采用壁面函数法进行处理。对于未考虑粗糙度的情况，采用指数关系式修正粗糙度带来的影响；对于实际建筑的几何再现，应采用适应实际地面条件的边界条件；对于光滑壁面应采用对数定律。
d) 若采用对称面简化计算区域，应保证物理和几何条件对称。

7.6.3 仿真分析要求

仿真分析要求如下：
a) 温度场分布模拟。
b) 瞬时速度分析。
c) 热辐射强度分析。

7.6.4 仿真结果的评定与要求

仿真结果的评定与要求如下：
a) 应形成包括计算模型和计算域的网格说明、边界条件设置说明、湍流模型、差分格式、算法等内容的数值模拟说明文件。
b) 应形成包含速度、压力等相关物理变量的矢量图、云图等最终计算结果分析报告。

8 建造仿真要求

8.1 建造仿真模型要求

建造仿真模型要求如下：
a) 建造仿真模型宜在施工图设计模型或深化设计模型基础上，根据施工组织方案和施工技术要求对模型元素进行拆分组织，补充施工所需施工机具等施工措施模型元素，并将相关资源、施工工艺等施工信息与模型关联。
b) 应根据仿真内容及范围，创建建造仿真子模型，支持相应的施工组织模拟和施工工艺模拟应用。
c) 建造模型数据应与施工图设计数据保持一致。
d) 若发生设计变更，应根据设计图纸更新模型元素及相关信息，并记录工程及模型的变更。
e) 不同软件平台创建的建造仿真模型，宜使用开放或兼容的数据格式进行模型数据交换，实现各建造过程模型的合并或集成。
f) 模型数据内容和格式应符合数据互用要求。
g) 模型元素应具有统一的分类、编码和命名规则。

8.2 施工工艺仿真分析要求

8.2.1 输入数据要求

输入数据要求如下：
a) 施工图纸。
b) 施工方案，包括施工工艺流程及相关要求。
c) 施工内容、施工工艺及配套资源要求信息。
d) 施工工艺涉及的工序时间、人力、施工机械及其工作面要求等数据。

8.2.2 仿真结果评定要求

仿真结果评定要求如下：
a) 施工工艺模型。
b) 施工工艺模拟视频。
c) 施工工艺模拟分析报告。

8.3 施工组织仿真分析要求

8.3.1 输入数据要求

输入数据要求如下：
a) 施工图纸和施工组织设计文档。
b) 施工工序安排、资源配置和平面图纸等信息。
c) 初步实施计划，包括施工顺序和时间安排。
d) 施工内容、工艺选择及配套资源要求信息。
e) 施工进度计划、合同信息以及各施工工艺对资源的需求。

8.3.2 仿真结果评定要求

仿真结果评定要求如下：
a) 施工组织模型。
b) 施工组织模拟视频。
c) 施工组织模拟分析报告。

附录A 模型与物理工厂各系统的对应关系

模型与物理工厂各系统的对应关系如图A.1所示。

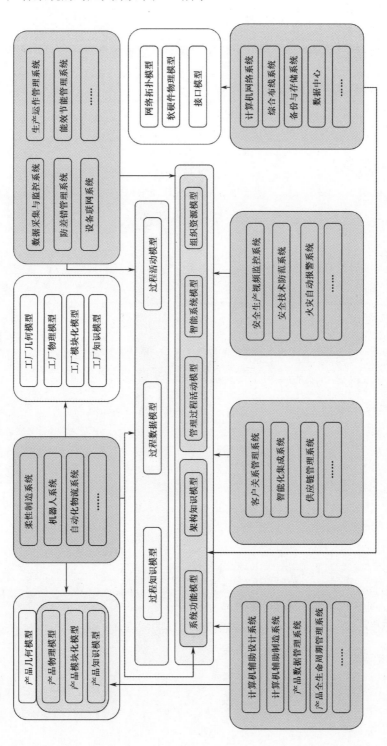

图A.1 模型与物理工厂各系统的对应关系

附录 B 工厂模型详细要求

B.1 设施设备模型信息要求

生产设施设备信息包括但不限于以下内容：
a）设备名称。
b）设备类型。
c）设备编号。
d）型号。
e）所属空间编号。
f）安全距离。
g）加工参数。
h）设备能力特征信息。
i）设备采购信息。
g）设备维护信息。
k）通信及控制接口信息。
l）其他接口信息。

B.2 工装模型信息要求

B.2.1 工装刀具模型

工装刀具模型信息包括但不限于以下内容：
a）基本参数。
b）加工参数。
c）推荐切削参数。
d）刀具类型。
e）刀杆信息。
f）刀片信息。
g）状态信息。
h）所属空间。
i）采购信息。
j）维护信息。

B.2.2 工装夹具模型

工装夹具模型信息包括但不限于以下内容：
a）基本参数。
b）规格。
c）状态信息。
d）所属空间。

e）采购信息。
f）维护信息。

B.2.3 工装辅具模型

工装辅具模型信息包括但不限于以下内容：
a）基本参数。
b）状态信息。
c）所属空间。
d）采购信息。
e）维护信息。
f）状态信息。

B.2.4 工装量具模型

工装量具模型信息包括但不限于以下内容：
a）基本参数。
b）规格。
c）状态信息。
d）所属空间。
e）采购信息。
f）维护信息。

B.3 场地环境模型信息要求

B.3.1 场地模型

场地模型信息包括但不限于以下内容：
a）名称。
b）类型。
c）基本参数。
d）状态信息。
e）空间信息。
f）安装信息。
g）维护信息。

B.3.2 公用配套模型

公用配套模型信息包括但不限于以下内容：
a）名称。
b）类型。
c）型号规格。
d）基本参数。
e）状态信息。
f）空间信息。
g）安装信息。
h）维护信息。
i）接口信息。

成果七

智能工厂建设导则
第 3 部分：智能工厂设计文件编制要求

前 言

GB/T《智能工厂建设导则》目前分为3个部分：
——第1部分：物理工厂智能化系统。
——第2部分：虚拟工厂建设要求。
——第3部分：智能工厂设计文件编制要求。

本部分为其中第3部分。

本部分按照 GB/T 1.1—2009 给出的规则起草。

本部分由工业和信息化部提出。

本部分由工业和信息化部（电子）归口。

本部分起草单位：机械工业第六设计研究院有限公司、国机工业互联网研究院（河南）有限公司、中国电子技术标准化研究院、中国信息通信研究院、北京机械工业自动化研究所、机械工业仪器仪表综合技术经济研究所、中钢集团邢台机械轧辊有限公司、多氟多新能源科技有限公司、新乡航空工业（集团）有限公司。

本部分起草人员：朱恺真、刘莹、米玥、何冉、苗发祥、刚轶金、王海霞、游冰、关俊涛、何毅、韦莎、廖胜蓝、赵炯。

智能工厂建设导则 第3部分：智能工厂设计文件编制要求

1 范围

本标准规定了智能工厂建设项目各阶段的文件编制内容和交付深度。
本标准适用于各行业智能工厂建设项目的新建、改建、扩建和技术改造工程设计。

2 规范性引用文件

下列文件对本文件的应用是必不可少的。引用文件其最新版本适用于本文件。
GB 50848—2013 机械工业工程建设项目设计文件编制标准
GB/T 50978—2014 电子工业工程建设项目设计文件编制标准

3 术语和定义

以下术语和定义适用于本标准。

3.1

智能工厂 intelligent plant

智能工厂是当今工厂在设备智能化、管理现代化、信息计算机化的基础上达到的新阶段，其内容不但包含上述的智能设备和自动化系统的集成，还涵盖了企业管理信息系统的全部内容。但本标准的智能工厂范围仅限智能工厂/数字化车间。

3.2

物理工厂 physical plant

物理工厂是指由生产设备、公用基础设施和信息基础设施等组成的实体工厂的总称。

3.3

虚拟工厂 virtual plant

虚拟工厂是物理工厂在虚拟空间中的映射，用于表示设备设施/工装器具、物料材料、场地环境等基本元素及其行为和关系。

4 缩略语

下列缩略语适用于本文件。
PLC：可编程逻辑控制器（Programmable Logic Controller）
SCADA：数据采集与监视控制系统（Supervisory Control And Data Acquisition）

5 基本规定

5.1 智能工厂组成

智能工厂组成如图1所示。

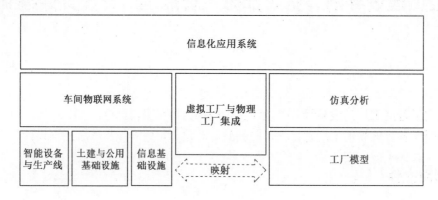

图1 智能工厂组成

5.1.1 信息化应用系统

信息化应用系统由企业信息化系统和车间信息化系统组成。

a) 企业信息化系统宜包括但不限于：生产应急指挥调度系统、信息安全管理系统、企业研发设计（CAX）系统、企业资源计划（ERP）系统、供应链管理（SCM）系统、基本业务办公（OA）系统、客户管理（CRM）系统、供应链关系管理（SRM）系统、工厂知识管理系统、企业门户（EP）、智能卡应用系统、智能化集成系统等。

b) 车间信息化系统宜包括但不限于：制造执行管理系统（MOM/MES）、物流仓储管理系统（WMS）、计算机辅助质量管理（CAQ）系统、基于定位的车间应用系统、质量追溯系统、工装夹具系统、生产刀具管理系统等。

5.1.2 车间物联网系统

车间物联网系统包括但不限于数据采集与监视控制系统、防差错管理系统、设备联网系统、目视化管理系统、安灯管理系统、公用设施设备监控系统、自动化控制系统、能源管理系统等。

5.1.3 信息基础设施

信息基础设施宜包括但不限于综合布线系统、语音通信系统、计算机网络系统、工业无线网络系统、备份与存储系统、服务器系统、信息安全系统、信息引导及发布系统、电子会议系统、公共广播系统、生产指挥调度中心/控制室、数据中心、信息设施系统机房、消防安防监控中心等。

5.1.4 虚拟工厂

虚拟工厂包括实体模型与仿真模型。

a) 实体模型包括车间工艺布局模型、信息设施模型、公用设施模型和场地模型等。

b) 仿真模型包括工厂物流系统仿真、工厂/车间布局仿真、车间物流系统仿真、生产过程仿真、人机工效仿真、机器人仿真、车间性能仿真和建造仿真。

5.2 智能工厂设计文件总体要求

a) 智能工厂建设项目根据需要可分为可行性研究、初步设计、施工图设计、专项深化设计四个阶段。
b）可行性研究阶段文件内容和深度，除应满足初步设计编制要求外，还应满足有关政府主管部门和其他相关机构的审批要求。
c）初步设计文件的内容和深度，除应满足编制施工图设计文件和主要设备订货的需要外，还应满足有关政府或主管部门的审批要求。
d）施工图设计文件的内容和深度，应满足设备与材料采购、施工招投标、设计合同相关条款和系统实施的需要。
e）专项深化设计各类文件应成为各类项目实施工作顺利进行的依据。
f）除满足本标准外，各阶段设计文件还应根据建设项目特点和有关主管部门的要求，编制消防、节能等设计专篇。
g）智能工厂项目为改建、扩建或技术改造项目时，各专业设计文件中应说明利用原有厂房、设施和设备的情况。

5.3 其他规定

a）项目设计文件编制，应提供有关政府主管部门对智能工厂项目批准/核准/备案的批复意见。
b）本标准未涉及的各专业深度要求，参见各行业现行设计文件编制标准或要求。
c）智能工厂建设项目各阶段设计文件应以工艺区划、总平面布置、主要工艺流程、物料流线图、物料容器周转等图纸和要求作为必要的输入文件。
d）工程设计中应正确选用国家现行标准、通用图，并应在设计文件中注明。
e）工程设计文件的编制应遵循简明、易用的原则。
f）本标准为智能工厂设计文件编制内容的一般性要求，执行本标准时可根据项目的建设内容和设计范围对设计文件内容进行取舍。
g）当设计合同对设计文件编制深度另有要求时，设计文件编制深度应满足设计合同要求。

6 可行性研究报告

6.1 一般要求

智能工厂建设项目可行性研究报告应包括封面、扉页、目录、总论、工厂基本情况、需求分析、总体设计方案与分期建设内容、项目设计方案、项目实施进度、投资估算与资金筹措、财务评价、项目风险与风险管理、可行性研究结论、附件、附图和附表。

6.2 总论

总论应包括以下内容：
a）项目名称、建设单位。
b）可行性研究的依据。
c）项目提出背景与投资的必要性。
d）项目主要内容。
e）项目总投资与资金来源。
f）项目主要数据与技术经济指标。
g）项目经济效益与社会效益。
h）可行性研究结论。

6.3 工厂基本情况

工厂基本情况宜说明下列内容：
a) 工厂概况：明确企业经济性质、在行业中的地位、历次技术改造情况；企业厂址坐落位置、占地面积、交通运输、周围环境及发展余地；企业原设计生产纲领、现有生产能力；企业主要产品、现行生产工艺、技术状况和水平；企业现有主要建筑物构成和可利用程度；企业主要原辅材料、燃料动力的供应情况等基本内容。
b) 战略：结合企业战略目标并以此为导向，将智能工厂建设作为贯穿企业战略始终的重要内容。
c) 市场：介绍企业产品应用领域、市场供需现状、企业市场销售能力、市场容量、市场信誉、地位及竞争能力，其中市场销售能力重点关注企业是否采用新型技术手段提升工厂市场营销能力。
d) 产品：主要产品名称及型号、产品工艺、生产纲领、生产类型、现有生产能力、生产技术状况和水平。
e) 人员：工厂组织机构现状、职工人数、各类人员构成、工程技术人员占比；员工对新型技能掌握状况、对智能制造的认知与接受程度等。
f) 企业近三年财务状况等内容。

6.4 需求分析

项目需求分析与项目规模应包含下列内容：
a) 智能工厂建设目标分析。
b) 产品需求分析：产品需求总量与需求对象分析、产品市场需求分析；产业政策、项目建设规模，应根据市场分析和工厂现有条件，综合考虑，列出生产纲领、主要产品和销售收入。
c) 智能工厂功能需求分析：结合企业业务，详细分析智能工厂建设及其各组成部分的功能需求。
d) 企业智能工厂现状与差距分析：简述国内外同行业智能工厂建设情况，并从智能工厂原型出发，围绕研发、制造、销售与服务等核心业务环节描述企业应用现状，识别并分析出企业与行业标杆的差距和存在的问题。
e) 项目建设规模：应根据市场分析和工厂现有条件，综合考虑，列出生产纲领、主要产品和销售收入。
f) 项目建设的必要性：综上所述，分析项目建设的意义和必要性。

6.5 总体设计方案与分期建设内容

a) 应说明方案组成，通过文字和插图、表格等描述智能工厂的整体框架，包括本项目内部与外部系统间的联系，区分已建系统及功能和新增系统及功能。
b) 对两个或以上智能工厂方案进行方案比选。
c) 应综述主要设计依据、设计要求。
d) 明确主要经济技术指标。
e) 结合项目总体目标和企业现状，结合项目分期目标和智能工厂发展状况，提出各期工程建设内容。

6.6 项目设计方案

6.6.1 标准规范体系

说明项目依据的现行国家、行业和地方标准及规范。

6.6.2 生产设备与设施

a）工厂总平面规划应包括下列内容：
   1）厂址和建设条件。
   2）总平面布置原则。
   3）总平面布置、竖向布置。
   4）人流、物流组织、出入口设置。
   5）道路、广场及绿化布置。
   6）总图主要技术经济指标（列表显示）。

b）工艺流程及布局应包括下列内容：
   1）工艺原则、物料供应与生产协作。
   2）车间任务、工艺方案。
   3）设备选型、智能装备和生产线。
   4）车间组成。
   5）人员组成。
   6）现场管理（防差错、除尘、人机交互、安全）等。

6.6.3 信息基础设施

应对信息基础设施所包含的各个系统进行规划研究，包括描述各系统功能及技术方案，明确各系统投资估算。提供网络拓扑图、信息基础设施部署图。

网络拓扑图应确定网络的整体架构，标示网络边界、网络节点的位置，标示各节点的拓扑关系；应确定网络的关键特性，包括冗余、安全、管理、交换容量等。

信息基础设施部署图应明确信息中心机房、汇聚机房、弱电间的位置；应规划各机房及弱电间的平面分区，估算信息机柜的数量、规格。

6.6.4 车间物联网系统

应对车间物联网系统所包含的各个系统进行规划研究，包括描述各系统功能及技术方案，明确各系统投资估算。

6.6.5 信息化应用系统

信息化应用系统应包括下列内容：

a）信息化建设目标、规模与内容。
b）信息资源规划和数据库建设方案：制定信息（数据）资源规划，详述数据库结构、数据库建设内容、数据量测算、技术特征以及数据库软件、服务器要求和参考选型。给出新系统的主要高层逻辑模型，包括数据流图、数据字典。
c）应用系统建设方案：详述应用系统的结构（细化到各子系统和功能模块）、技术特征、应用系统工作量测算。应给出主业务的流程图、功能层次图或功能树。应说明系统的用户类型、特点，提供用例图。
d）终端系统建设方案：对于配置大量终端系统的系统，提出终端系统设计方案，设计人机交互界面，确定终端设备配置方案。
e）主要软硬件选型原则和详细软硬件配置清单。

6.6.6 土建与公用基础设施

说明新建或改造厂房及配套设施的建设方案，满足工艺方案提出的设计技术需求，包括建筑、结构、给水排水、供暖通风和空气调节、动力、电气、弱电等方案。具体应参照相关国家、行业和地方要求编制。

6.6.7 虚拟工厂

虚拟工厂建设方案应说明下列内容：
a）虚拟工厂建设目标、依据、原则。
b）虚拟工厂建设范围及内容。
c）各阶段模型设计输入文件要求。
d）需要说明的问题和建议。

6.6.8 虚实集成系统

根据智能工厂和智能制造建设的需求，在充分考虑未来需求的基础上，结合当前技术发展水平和趋势，通过文字和图表描述虚实集成系统整体框架，包括集成平台内部各系统的主要功能和相互联系，以及与外部各系统之间的联系，并出具虚实集成系统总体框架图。

6.6.9 创新技术应用专篇

根据企业的战略需要，确定大数据、工业云及人工智能的应用目标，制定大数据、工业云及人工智能的发展规划和建设原则，包括战略意图、战略规划、商业目标、执行方针、组织支撑、项目（产品）规划等内容。

6.6.10 环保、消防、职业安全和卫生专篇

分析建设项目对环境的影响，提出环保措施和环保解决方案，对于涉及的土建工程需要落实环保批复文件。分析消防安全隐患，提出消防措施和解决方案。分析职业安全和卫生隐患，提出职业安全和卫生措施及解决方案。

具体应参照相关国家、行业和地方要求编制。

6.6.11 节能专篇

提出项目适用的行业用能标准和节能设计规范。根据项目建设内容，分析项目用水、电、气等各种资源消耗情况。说明主要工艺流程采取节能的新技术、新工艺、新设备；能源合理选用与综合利用；节水、节电、节材等综合节能措施；设置能源管理机构及能源计量器具等内容。

具体应参照相关国家、行业和地方要求编制。

6.6.12 组织机构和人员专篇

根据项目具体情况，说明项目法人组建方案，管理机构组织方案和体系图。依据项目实行的主要工作班制，提出劳动定员编制、人员来源及技能素质要求。根据项目特点和实际需要，提出人员培训方案，包括培训对象、培训方式、培训计划等。

6.7 项目实施进度

宜以表格或图表形式表达项目实施进度，包括可行性研究报告编制、审批、初步设计编制与审批、施工图设计、项目实施、设备（系统）调试、竣工交付、试车投产的计划进度安排。

6.8 投资估算与资金筹措

投资估算与资金筹措应说明下列内容：

a）投资估算编制依据及说明、建设投资估算、单项工程投资估算、改/扩建和技术改造项目投资估算、建设期利息估算、流动资金估算、利用原有固定资产价值、总投资估算和投资估算分析。
b）总投资的构成。
c）资金来源、资金使用计划、融资成本分析、融资风险分析和融资渠道分析。

6.9 财务评价

财务评价应包括下列内容：
a）财务评价的依据和说明：国家有关法律法规和文件、公司或企业有关规定和文件、有关参考信息、资料来源及对所采用依据进行的说明。
b）财务评价的报表：项目投资财务现金流量表、权益投资财务现金、财务计划现金流量表、资产负债表。
c）财务评价指标：盈利能力分析、偿债能力分析、财务生存能力分析。
d）不确定性分析。
e）财务评价结论与建议。

6.10 项目风险与风险管理

项目风险与风险管理应包括下列内容：
a）风险识别和分析。
b）风险对策和管理。

6.11 可行性研究结论

根据上述设计方案、实施方案、财务评价及其他分析等，提出智能工厂项目的可行性研究结论。

6.12 附件、附图和附表

6.12.1 附件

附件应包括下列内容：
a）项目建议书及批复文件。
b）项目外部条件协议书。
c）新技术、新产品技术鉴定文件。
d）专有技术转让协议。
e）其他。

6.12.2 附图

附图应包括下列内容：
a）生产厂房工艺平面区划图。
b）厂区总平面布置图。
c）厂址位置图。
d）网络拓扑图。
e）虚实集成系统总体框架图。

6.12.3 附表

附表应包括下列内容：
a）建设投资估算表。

b）建设期利息估算表。
c）流动资金估算表。
d）项目总投资使用计划与资金筹措表。
e）营业收入、增值税估算表。
f）总成本费用估算表。
g）项目投资现金流量表。
h）投资各方现金流量表。
i）利润与利润分配表。
j）财务计划现金流量表。
k）资产负债表。
l）信息化应用系统建设工作量（按人/月计费）初步核算表。
m）主要设备清单。

7 初步设计

7.1 一般要求

智能工厂建设项目初步设计文件应包括封面、扉页、目录、初步设计总说明、相对于可研报告的调整说明、各专业项目设计说明文件、项目实施进度、投资概算、有关专业的设计图纸、设备与主要材料表、有关专业的计算书（必要时）。

7.2 初步设计总说明

初步设计总说明应包括初步设计编制依据、项目建设条件与建设目标、项目建设规模和范围、项目产品和生产纲领、企业物理工厂及虚拟工厂现状、智能工厂总体框架、设计要点综述、设计概算与资金来源、存在问题与建议。

7.2.1 初步设计编制依据

初步设计编制依据应包括下列内容：
a）项目可行性研究报告及批复文件。
b）项目节能评估报告及批复文件。
c）项目规划相关资料。
d）项目所在地通信、供电、供水等基础设施资料。
e）环境影响评价、安全评价及职业病预评价。
f）建设单位提供的有关物理工厂、虚拟工厂应用状况及有关设备资料。
g）投标项目的招标书和中标通知书（如有）。

7.2.2 项目建设条件与建设目标

a）企业基本情况、项目厂址概况及自然条件。
b）项目建设目标。

7.2.3 项目建设规模和范围

a）工程的设计规模及项目组成。
b）分期建设的情况。
c）承担的设计范围与分工。

7.2.4 项目产品和生产纲领

概述项目产品情况和生产纲领。

7.2.5 企业物理工厂及虚拟工厂现状

企业物理工厂及虚拟工厂现状包括下列内容：
a) 工厂信息化应用状况，包括研发设计、生产过程、综合管理等。
b) 工厂车间物联网系统应用状况，包括设备设施、生产过程控制与管理、安全生产等。
c) 工厂信息基础设施应用状况。
d) 工厂信息化综合集成应用状况，包括研发与生产集成、管理与生产集成等。
e) 工厂虚拟制造应用状况，包括工厂模型、产品模型、工艺仿真等。

7.2.6 智能工厂总体框架

用文字、插图等方式描述智能工厂总体框架。

7.2.7 设计要点综述

设计要点综述包括下列内容：
a) 设计目标与设计原则。
b) 简述各专业的设计特点和系统组成。
c) 采用新技术、新材料、新设备、新工艺、新产品/新结构情况。

7.2.8 设计概算与资金来源

应简述设计概算中各项投资构成；说明资金来源和筹措方式，国拨资金应与可行性研究报告批复一致。

7.2.9 存在问题与建议

工厂智能制造中存在的薄弱环节，结合本项目的目标，说明应解决的问题和主要思路。

7.3 相对于可研报告的调整说明

逐项详细说明初步设计相对于项目可研报告的变更调整情况、主要原因和调整依据，并综述存在的问题与建议等。

7.4 各专业项目设计说明文件

7.4.1 标准规范体系

标准规范体系包括下列内容：
a) 应说明项目依据的现行国家、行业和地方标准、规范。
b) 编制项目设计文件分类编码标准，实现对文件的分类、归档、识别、检索管理要求。
c) 编制项目设计文件交付标准，规定交付文件的格式、软件版本、内容深度等。
d) 初步制定支撑工厂建设各方与业主或运营方共享工程信息的工厂信息分类编码标准，约定项目服务内容及相关服务流程的项目实施管理规范。
e) 规定项目验收内容、流程、测试及交付等的设计交付物验收标准。

7.4.2 生产设备与设施

a）工厂总平面规划

工厂总平面规划设计文件应包括设计说明、设计图纸和设备明细表。

1）设计说明：应包括设计依据、厂区概况、总平面布置、竖向布置、绿化美化布置、主要技术经济指标和工程量、运输、仓库、人员、需要说明的问题和建议。
2）设计图纸：应包括区域位置图、总平面布置图、竖向布置图和管线综合平面图。
3）设备明细表：应标明起重、运输及仓库设备的名称、型号、主要技术规格、数量、单价及总价。

b）工艺流程及布局

工艺流程及布局设计文件包括设计说明、设计图纸和设备明细表。

1）设计说明：包括设计依据，车间任务和生产纲领，工作制度和年时基数，工艺设计原则，主要工艺说明，车间劳动量，工艺设备，车间人员，车间组成、面积和平面布置，环境要求，需要说明的问题和建议。
2）设计图纸：包括工艺平面布置图和剖面图、物料流转图。
3）设备明细表：说明设备平面图编号、名称及型号，主要技术规格、单位和数量，电力安装容量、质量、单价、总价和备注；以套为单位的设备应写清配套的内容，生产线、自动线或柔性制造系统应将其主要单机列出；设备明细表中有特殊要求的专用设备和工艺生产线，宜标明生产厂和供应商。

7.4.3 信息基础设施

a）一般规定
1）信息基础设施设计说明书宜包括系统组成、规模与系统结构、设计原则、系统主要性能指标、与项目外部边界的连接方式、系统机房所在位置、用户端设备配置、传输系统设计、线缆敷设情况等。
2）系统图纸应涵盖设计的所有内容，显示出系统之间的关系，对部分直接影响生产的系统应给出功能定义。
3）应说明各系统功能，提出各系统配置，对新增系统应说明新增内容与原有内容如何进行衔接，保证运行顺畅。

b）系统内容

信息基础设施包括但不限于下列系统内容。

1）综合布线系统，应符合下列要求：
　　——综合布线系统架构及配置说明；
　　——综合布线的类型、系统组成及主要指标要求；
　　——工作区信息终端配置；
　　——配线子系统、干线子系统、建筑群子系统配置；
　　——设备间、进线间设置及环境要求；
　　——线缆选择及其敷设方式；
　　——与其他系统之间的工程界面的划分；
　　——电气防护与接地要求；
　　——应出具综合布线系统图。

2）语音通信系统，应符合下列要求：
　　——提供系统说明；
　　——语音通信系统架构说明；
　　——用户电话交换类型与接入方式；

——运营商引入位置、线路敷设；

——电话机房位置、防雷接地要求。

3) 计算机网络系统，应符合下列要求：

——提供系统设计原则；

——计算机网络系统与其他系统之间的工程界面的划分原则；

——确定计算机网络的体系架构、网络配置；

——信息网络类型、架构；

——网络设备配置原则；

——计算机网络的网络区域划分及 IP 地址规划；

——无线网络设计（网络协议、覆盖区域、通信网络类型、组网方式）；

——网络安全、网络接入、网络管理要求；

——应出具计算机网络拓扑结构图。

4) 工业无线网络系统，应符合下列要求：

——工业无线网络组网原则；

——工业通信网络类型、架构；

——网络设备配置；

——服务器配置；

——无线网络设计（网络协议、覆盖区域）；

——网络防护与网络安全要求；

——网络管理要求；

——应出具工业通信网络拓扑结构图。

5) 备份与存储系统，应符合下列要求：宜明确备份机制、存储技术路线，以及存储时间、方式、介质和使用类型。

6) 服务器系统，应符合下列要求：

——宜出具软硬件物理部署图；

——应给出服务器资源需求书。

7) 信息安全系统，应符合下列要求：

——应确定信息全系统的分级保护级别并按照相应级别进行设计；

——涉密信息系统按照国家涉密信息系统分级保护的相关要求进行系统定级和方案设计；

——非涉密信息系统根据信息系统重要程度定级，明确信息安全技术和信息安全管理的责任部门和职责内容；

——非涉密信息系统根据自身定级要求，展开物理安全、网络安全、主机安全、应用安全和数据安全及备份恢复的设计；

——应提供信息化安全要求说明书。

8) 信息导引及发布系统，应包含下列内容：

——系统架构说明；

——系统主要功能；

——系统显示终端设置和布置基本原则；

——系统传输方式与线缆选择；

——系统控制方式；

——防雷接地要求。

9) 电子会议系统，应包含下列内容：

——系统组成、系统功能需求、系统控制中心位置及系统架构说明；

——各子系统组成与功能要求（扩声系统宜明确建筑声学要求）；
——各子系统设备配置与控制方式；
——各子系统主要用户终端设置位置；
——各子系统线缆敷设要求；
——控制中心主要指标要求；
——防雷接地要求；
——应出具系统图。

10）公共广播系统，应包含下列内容：
——公共广播系统架构说明；
——系统组成、系统功能要求；
——与火灾自动报警系统的联动、切换要求；
——系统声学等级及指标要求；
——系统分区原则与广播扬声器设置原则；
——系统控制方式、输出功率；
——设备配置与线缆敷设；
——广播控制室位置及环境要求；
——防雷接地要求；
——应出具广播系统图。

11）数据中心，应包含下列内容：
——提供系统说明；
——数据中心等级与性能要求；
——数据中心位置与布局；
——数据中心土建、装修、空调、电气、给排水、消防要求；
——数据中心电磁屏蔽、安全防范、网络与布线、防雷接地要求；
——应出具数据中心平面布置图。

12）生产指挥调度中心/控制室、信息设施系统机房、消防安防监控中心，应包含下列内容：
——各系统机房、控制室及弱电间位置与布局；
——各系统机房、控制室及弱电间对土建、装修、电气、环境、消防等的要求；
——防雷接地要求；
——应出具各系统机房、控制室及弱电间平面布置图。

7.4.4 车间物联网系统

a）一般规定

1）车间物联网系统设计说明书宜包括系统组成、规模与系统结构、设计原则、系统主要性能指标、与项目外部边界的连接方式、系统机房所在位置、用户端设备配置、传输系统设计、线缆敷设情况等。

2）系统图纸应涵盖设计的所有内容，显示出系统之间的关系，对部分直接影响生产的系统应给出功能定义。

3）应说明各系统功能，提出各系统配置，对新增系统应说明新增内容与原有内容如何进行衔接，保证运行顺畅。

b）系统内容

车间物联网系统包含但不限于下列系统内容。

1）数据采集与监视控制系统，应包含下列内容：

——系统组成、系统功能、系统架构；
——数据采集与监视控制的对象及类型；
——系统传输方式、传输线缆种类、敷设方式；
——数据采集与监视控制对接接口和协议；
——应出具反映上述内容的系统图或原理图。

2）防差错管理系统，应包含下列内容：
——系统组成、系统功能；
——防差错管理系统类型与方式；
——防差错管理系统原理图。

3）设备联网系统，应包含下列内容：
——设备联网类型、架构；
——网络设备配置；
——IP 地址规划；
——无线网络设计（网络协议、覆盖区域）；
——网络安全、网络接入、网络管理要求；
——应出具设备网络拓扑图。

4）目视化管理系统，应包含下列内容：
——系统组成、系统功能；
——目视化管理类型与方式；
——系统传输方式、传输线缆种类、敷设方式；
——接地要求；
——应出具反映上述内容的系统图或原理图。

5）安灯管理系统，应包含下列内容：
——系统组成、系统功能；
——系统类型与设置位置；
——系统传输方式、传输线缆种类、敷设方式；
——接地要求；
——应出具反映上述内容的系统图或原理图。

6）公用设施设备监控系统，应包含下列内容：
——提供系统说明；
——系统组成及其功能要求、监控中心位置；
——系统网络类型及网络架构；
——系统控制对象与设备选择情况；
——线路选择及其敷设要求；
——应出具系统监控点表、系统图或原理图。

7）自动化控制系统，应包含下列内容：
——系统组成、系统功能要求及控制中心位置；
——系统传输类型及网络架构；
——系统控制对象、监测位置与设备选择情况；
——控制原理图；
——线路选择及其敷设要求；
——应出具系统图或原理图。

8）能源管理系统，应包含下列内容：

——提供系统说明；

——系统组成、系统功能要求及监测中心位置；

——系统网络类型及网络架构；

——系统计量对象、监测位置与设备选择情况；

——线路选择及其敷设要求；

——应出具系统图或原理图。

7.4.5 信息化应用系统

a) 信息化建设目标、规模与内容：全面描述工程的建设目标规模和各项建设内容。

b) 信息系统总体设计：应通过文字和图表描述信息应用系统整体框架，包括本系统内部结构和与外部系统间的联系，并区分出已建系统及功能和新增系统及功能。绘制系统总体功能架构图和总体技术架构图。

c) 信息资源规划和数据库设计：应制定信息（数据）资源规划，详述数据库结构、数据库建设内容、数据量测算、技术特征，以及数据库软件要求和参考选型。

d) 针对企业级应用系统提出要求，宜以插图的形式在设计文件中体现。

    1) 应用系统的子系统宜给出技术架构、技术实现原理、技术实现手段。应详述应用系统的结构（细化到各子系统和功能模块）、技术特征。应详述应用支撑系统的结构、技术特征、详细的软硬件设备配置要求，对用量进行合理概算。

    2) 主业务流程优化设计，建立新的系统逻辑模型应提供优化后的业务流程图、用例图，并给出设计文字描述。

    3) 主数据处理过程设计，宜提供数据流图、盒图、决策树等，宜提供顺序图，可提供状态图、构件图、活动图，并给出设计文字描述。

    4) 程序安全控制设计，宜给出身份鉴别、访问控制、安全审计、信息保护、通信完整性、通信保密性、抗抵赖、容错、资源控制等措施描述。

    5) 接口设计应包含用户接口、软件接口图。

    6) 软件出错处理设计。

    7) 软件可靠性和可用性设计。

e) 终端系统设计：对于配置大量终端的系统，提出终端系统设计方案，设计人机交互界面，确定终端设备配置方案。

f) 主要软硬件选型原则和详细软硬件配置清单。

g) 运行维护系统方案：提出设备维护、网络维护、安全系统维护、应用系统维护的机制和建设方案，明确自维护或代维护方式，提出年运行维护工作内容、工作量和费用测算依据。

h) 其他系统方案。

i) 附表：

    1) 项目软硬件配置清单。

    2) 应用系统定制开发工作量核算表。

j) 附图：系统软硬件物理布置图。

7.4.6 土建与公用基础设施

建筑、结构、给水排水、供暖通风和空气调节、动力、电气、弱电等建设内容在可行性研究报告所确定的技术方案基础上进一步细化和量化，满足工艺方案提出的设计技术需求。体现设计原则和明显体现利用现有资源。具体应参照相关国家、行业和地方要求编制。

7.4.7 虚拟工厂

a) 初步设计阶段，虚拟工厂模型宜在各专业初步设计方案基础上，根据国家及行业现行设计文件编制规定中对专业设计内容的要求进行模型创建和仿真分析应用。

b) 虚拟工厂所包含的模型元素和信息应与初步设计图纸数据保持一致。

c) 初步设计阶段虚拟工厂模型创建应包括以下内容：
   1) 工厂/车间工艺布局模型。
   2) 公用设施设计模型。
   3) 场地设计模型。
   4) 信息设施设计模型。
   5) 工厂/车间布局仿真模型。
   6) 工厂物流系统仿真模型。
   7) 车间物流仿真模型。
   8) 生产过程仿真模型。

d) 初步设计阶段虚拟工厂设计交付成果宜包括：
   1) 工厂/车间工艺布局模型。
   2) 公用设施设计模型。
   3) 场地设计模型。
   4) 信息设施设计模型。
   5) 工厂和车间布局仿真分析报告。
   6) 工厂和车间物流系统仿真分析报告。
   7) 生产过程仿真分析报告。
   8) 性能仿真分析报告。
   9) 建造仿真分析报告。

e) 工厂/车间工艺布局模型元素及信息应包括以下内容：
   1) 应包括工厂/车间工艺工段划分、空间分区和设备布置。
   2) 应包括工厂/车间生产系统、非标设备、运输设备、仓储设备等的近似形状模型，含设备关键轮廓控制尺寸，以及最大尺寸和最大活动范围。
   3) 应包括设备编号、名称及型号、主要技术规格、单位、数量、电力安装容量、质量、设备尺寸、材质、管道接口、通信接口等信息。
   4) 大型设备还应包括设备的基础模型等工艺特殊构件。

f) 工厂/车间厂房模型应包括如下必要的生产场所模型元素：
   1) 动力能源站房模型，包括锅炉房、热交换站、燃气调压站、其他气体站房、气体汇流排站等动力站房内设备的近似形状模型及管道路由模型。
   2) 供配电设计模型，包括变配电站（间/室）内设备近似形状模型，工厂/车间主干桥架/线槽路由模型。
   3) 其他公用设施设计模型，包括给排水站房、暖通站房等的设备近似形状模型，以及工厂/车间相关专业主干管路模型。
   4) 设备模型属性信息应包括设备类型、尺寸、位置等主要技术参数；电气设备模型属性信息还应包括设备名称、型号、规格和电力安装容量等主要技术参数；桥架线槽及管路模型属性信息应包括类型、名称、尺寸和标高。

g) 场地设计模型元素及信息应包括以下内容：
   1) 工厂/车间厂房模型，包括工厂/车间厂房土建模型元素。
   2) 模型元素属性信息应包括轴线位置、编号、规格、尺寸、材料等信息。

h）信息设施模型元素及信息应包括以下内容：
　　1）工厂/车间数据中心或机房的机柜、服务器等主要设备及各智能化系统，车间物联网系统前端设备近似形状的布置模型。
　　2）主干桥架/线槽模型，包括桥架/线槽的路由模型。
　　3）模型构件属性信息应包括模型构件的类型、名称、通信接口等主要技术参数。

i）工厂和车间布局仿真分析报告应包括以下内容：
　　1）仿真运行视频及图片。
　　2）车间工艺布局优化分析报告。
　　3）工厂总体布局优化分析报告等。

j）工厂和车间物流系统仿真分析报告应包括以下内容：
　　1）仿真运行视频及图片。
　　2）物流系统的运输量分析报告。
　　3）设备利用率分析报告。

k）生产过程仿真分析报告应包括以下内容：
　　1）仿真运行视频及图片。
　　2）设备利用率分析报告。
　　3）生产线平衡率及缓存区利用率分析报告等。

l）性能仿真分析报告应包括以下内容：
　　1）围护结构、门窗、空调、照明等系统能耗分析。
　　2）全局声压分布云图和全局声压级分布鸟瞰图，若有敏感区域，则须提供该区域声环境细节图。
　　3）室内采光系数、照度分布分析图。
　　4）速度场、矢量场、压力场分布的鸟瞰图和平面图等。

m）建造仿真分析报告，主要包括施工模拟分析报告。

7.4.8 虚实集成系统

根据智能工厂的生产组织模式、业务流程，设计整体的虚实集成平台方案，详述平台的结构、技术特征、主要软硬件设备选型，并规划设计接口标准、通信规约和交互流程。

7.4.9 创新技术应用专篇

分析项目的业务功能需求及应用场景用例，针对大数据、工业云及人工智能平台进行架构设计、功能设计和软硬件选型。

7.5 项目实施进度

分析影响进度的各种因素，制订进度计划。

7.6 投资概算

智能工厂初步设计概算说明应包含项目概况说明、概算编制依据、概算编制说明、总概算和各专业工程概算，以及概算表。

7.6.1 项目概况说明

项目的建设性质、建设规模、项目主要内容、投资范围、资金来源、概算编制结果及投资构成。

7.6.2 概算编制依据

a) 国家有关造价管理的法律、法规和方针政策。
b) 经批准的系统集成项目的设计任务书或可行性研究报告、有关主管部门的有关规定。
c) 初步设计项目一览表。
d) 当地和国家有关主管部门的现行工业工程和专业安装工程的概算定额或预算定额、综合预算定额，单位估价表、材料及构配件预算价格、工程费用定额和有关费用规定的文件。
e) 现行的有关设备原价及运杂费率，地区材料市场综合信息价格。
f) 现行的有关信息集成项目其他费用及取费依据。
g) 建设单位提供的有关工程造价的其他资料。
h) 国家现行银行贷款利率、外汇汇率及进口设备减免规定，税率表和各项进口费用计算依据。
i) 类似智能工厂概算、预算及技术经济指标。

7.6.3 概算编制说明

a) 概算编制方法、有关问题的说明。
b) 其他需要的说明。

7.6.4 总概算和各专业工程概算

a) 总概算包括工程费用、其他费用、预备费及建设期贷款利息。
b) 专业工程概算包括土建工程概算、设备及安装工程概算和概算专篇（含物理工厂的企业信息化系统、车间物联网系统、信息基础设施和虚拟工厂）。

7.6.5 概算表

概算编制结果应以表格形式表示，主要的表格应包括：

a) 智能工厂建设项目总概算表。
b) 建设工程综合概算表。
c) 安装工程直接费用表。
d) 设备安装工程综合概算表。
e) 设备及安装工程概算表。

7.7 附图与附表

7.7.1 附图

图纸应有图号，宜按照物理工厂、虚拟工厂和虚实集成系统的顺序依次排列图纸。

7.7.2 附表

概算表。

8 施工图设计

8.1 一般要求

智能工厂建设项目施工图设计文件应包括封面、扉页、目录、施工图设计总说明、图例、项目设计文件、设备及主要材料表、计算书、预算书（若合同要求编制工程预算书，则施工图设计文件应包括）。

8.2 施工图设计总说明

施工图设计总说明应包括项目概况、设计依据、设计范围等。

8.2.1 项目概况

应包含建设地点、建设单位等内容。

8.2.2 设计依据

施工图设计依据应包括下列内容：
a）施工图设计依据性文件。
b）对初步设计所做的调整及变更内容。
c）设计合同。
d）建设单位提出的符合标准的设计输入性资料。
e）设计和施工所依据的标准、规范、要求。

8.2.3 设计范围

设计范围应说明本项目设计的主要内容，以及与工厂现有内容的技术接口。

8.3 图例

施工图设计图例应包含下列内容：
a）应注明主要设备的图例、名称、数量、安装要求。
b）应注明主要线型的图例、名称、规格、配套设备名称、敷设要求。

8.4 项目设计文件

8.4.1 标准规范体系

a）应说明项目依据的现行国家、行业和地方标准、规范。
b）应在初步设计基础上，进一步细化工厂信息分类编码标准、项目实施管理规范，以及设计交付物验收标准。
c）编制支撑数据采集和软硬件设备集成的软件接口标准，以及支撑数据采集和软硬件设备集成的设备数据接口标准。

8.4.2 生产设备与设施

a）工厂总平面规划：
　1）施工图设计说明包括设计依据、专业技术问题的说明、施工要求及注意事项。
　2）设计图纸包括总平面布置图、竖向布置图、土方工程图、管线综合图、绿化布置图和详图。
b）工艺流程及布局：
　1）施工设计说明包括设计依据、有关施工或安装说明等内容。
　2）设备明细表深度要求同初步设计。
　3）设计图纸应包括工艺平面布置图和剖面图、T型槽铁等工艺构件安装图和平面定位图等。

8.4.3 信息基础设施

信息基础设施包含但不限于下列系统。
a）综合布线系统，应符合下列要求：

  1）平面图应符合以下要求：综合布线平面布置图应套用建筑平面图，绘出并标明隔间、轴线编号、尺寸、房间名称或编号，底层应绘出指北针，图纸应有比例；各楼层平面图应绘制出所有用户终端（如语音、数据、电视、信息发布终端，考勤管理终端，触摸屏等）的安装位置，必要时宜进行编号；应绘制出与本系统相关的配线设备的位置、安装方式；应绘制出各类管、槽的规格、走向、标高、数量和敷设方式，标出配线子系统、干线子系统线缆规格、数量与敷设要求；应绘制出数据中心、机房、设备间内主要设备布置和尺寸；应注明本系统线缆进、出建筑物的位置。

  2）系统图应符合以下要求：单一建筑物综合布线系统图应表示出建筑内系统布局；标明各子系统及其相互关系，标明连接线缆的规格、数量；绘制出系统主要设备配置和构成、系统设备供电方式、接地方式、系统设备分布楼层或区域、终端设施分布楼层和数量；标明数据中心、设备间（弱电间）管路和线缆的规格。

  3）语音通信系统宜与综合布线系统统一设计。

b）计算机网络系统，应符合下列要求：

  1）该系统应出具拓扑图、系统图。

  2）信息网络拓扑图：应绘出网络的拓扑结构、组网方式、网络类型、网络设备的配置、网络的接入方式等。

  3）信息网络系统图：绘出网络的系统架构、各设备间的位置、各网络设备的容量与安装位置、光缆的型号规格；应明确网络安全要求。

  4）应给出系统主要设备的设备表图。

c）工业无线网络系统，应符合下列要求：

  1）该系统应出具拓扑图、系统图。

  2）应给出无线网络覆盖范围及强度计算书。

  3）应给出系统主要设备的设备表图。

d）备份与存储系统，应符合下列要求：

  1）该系统应出具拓扑图、系统图。

  2）应给出备份及存储计算书（包括设备关键特性、容量、存储介质类型等）。

e）服务器系统，应符合下列要求：

  1）应给出软硬件物理布置图。

  2）应给出服务器资源需求计算书。

  3）应给出系统主要设备的设备表图。

f）信息安全系统，应符合下列要求：

  1）该系统应出具拓扑图、系统图。

  2）应给出信息安全部署原则说明书。

  3）应给出系统主要设备的设备表图。

g）信息导引及发布系统，应符合下列要求：

  1）应根据工程项目的性质、功能、近期需求和远期发展，来确定系统功能、信息发布屏类型和位置。

  2）信息导引及发布平面图宜与综合布线系统合并出图。

  3）信息导引及发布系统图（或原理图）应绘制出该系统原理、系统主要设备配置和构成、系统设备供电方式、系统设备分布、系统防雷接地等内容。

  4）应出具设备安装详图。

h）电子会议系统，应符合下列要求：
1）根据工程项目的性质、功能、近期需求和远期发展，来确定会议系统建设标准和系统功能，并出具平面图、系统图或原理图。
2）应套用建筑平面图，绘出并标明房间名称、隔间、轴线编号、尺寸。
3）应绘制出会议系统各类终端如音箱、话筒、显示终端、触摸屏、发言单元等的安装位置；绘制出会议系统控制设备的位置、安装方式；绘制出各类管、槽、线的规格、走向、标高、数量和敷设方式；绘制出系统机房或控制室主要设备布置。
4）应绘制出该系统原理、系统主要设备配置和构成、系统设备供电方式、系统防雷接地方式、系统设备分布位置、管路和线缆。

i）公共广播系统，应符合下列要求：
1）应根据工程项目的性质、功能、近期需求和远期发展，来确定系统设置标准，并出具平面图、系统图。
2）应绘制广播系统平面图，应按比例套用建筑平面图，绘出并标明隔间、轴线编号、主要尺寸、房间名称或编号，底层应绘出指北针；绘制出各层扬声器的位置；绘制出广播设备安装位置；绘制出各类管、槽的规格、走向、标高、数量和敷设方式；绘制广播控制室主要设备布置和尺寸。
3）绘制出该系统原理、系统主要设备配置和构成、系统设备供电方式、系统设备分布楼层或区域、数量；绘制出各广播回路及其连接线路的规格说明。

j）数据中心，应符合下列要求：
1）应根据工程项目的性质、智能工厂的规模、近期需求和远期发展，来确定数据中心机房等级要求。
2）应出具数据中心装修、空调、电气与防雷、给排水、安全防范、网络与布线、防雷接地图纸。
3）装修：应出具装修平面图、剖面图、节点放大图，应按比例套用建筑平面图，绘出并标明数据中心平面布置，标明各隔间、轴线编号、尺寸、房间名称或编号；装修图纸应有设备布置与定位、墙体定位、天花布置与定位、灯具布置与定位、地板布置与定位等。
4）空调：应出具数据中心空调系统相关设备布置及管道路由平面图、数据中心通风和防排烟平面图及原理图、气流组织原理图、数据中心空调原理图、相关节点安装大样图。计算书应包含空调冷负荷计算书、空调系统的新风量及排风量计算、空调系统相关设备消声、减震的选型计算、风管选型及风系统阻力计算、空调冷水管道的水力计算、空调相关设备基础、管道支撑及吊挂荷载计算。
5）电气：应出具数据中心配电及照明平面图、等电位联结平面图、配电系统图与原理图、防雷接地系统图。应绘制出机房通电设备的容量、进出线位置，注明线路的回路编号、规格、保护管及敷设方式；线路若采用电缆桥架敷设，应绘制出电缆桥架平面图，标明桥架规格、安装高度与安装方式；应使用图例符号绘出配电箱、灯具、插座、控制箱及安装位置；配电照明系统图应标明配电箱编号、规格、功率，标明出线回路编号与负荷，有控制要求时应说明接口规格。
6）网络与布线：应出具数据中心网络与布线平面图、桥架布置平面图、数据中心布线系统图、机柜布置图。
7）给排水：应出具灭火系统平面图、系统图、原理图和局部节点放大图，有管网自动灭火系统图应标明自动灭火系统各管道长度、直径、管件规格、系统相对位置等。

k）生产指挥调度中心/控制室、信息设施系统机房、消防安防监控中心，应符合下列要求：
  1）应给出各个功能房间的位置与平面布置图、装修图、电气图、防雷接地图、消防图、弱电系统图。
  2）生产指挥调度中心/控制室、信息设施系统机房、消防安防监控中心应符合相关标准要求。

8.4.4 车间物联网系统

车间物联网系统包含但不限于下列内容：
a）设备设施各个系统说明应与工艺、总图等相关专业保持一致。
b）设备设施各个系统应有平面图、系统图、逻辑关联图。
c）应明确各个系统的数据接口类型及数据获取方式。
d）应明确各个系统的数据传输方式、传输设备类型、线缆类型及布置要求等。
e）应明确各个系统的中心设备、配套控制管理软件等的技术参数及详细物理布置图。
f）其他各个系统应在初步设计的基础之上提供各个系统的平面图及主要设备表图。

8.4.5 信息化应用系统

车间信息化应用系统应包含项目总体架构和各系统间的逻辑关系（包括与外部系统的逻辑关系），以及各系统的功能、架构、组成、系统对接口的要求、各系统安装部署注意事项。
a）系统总体功能应包括架构图、流程图、用例图。
b）子系统中的基本功能模块应给出业务流程图，宜给出对象合作关系的活动图。
c）软件系统安全设计应包含软件开发应用到的安全技术原理图和架构图。
d）数据库设计应提供系统数据流图、系统间关系图、数据字典。
e）应给出（服务）部署图。

8.4.6 土建与公用基础设施

建筑、结构、给水排水、供暖通风和空气调节、动力、电气、弱电等建设内容应在初步设计方案基础上进一步细化和量化，以满足工艺方案提出的设计技术需求。

具体应参照相关国家、行业和地方要求编制。

8.4.7 虚拟工厂

a）施工图设计阶段，虚拟工厂模型宜在各专业施工图设计方案基础上，根据国家及行业现行设计文件编制规定中对专业设计内容的要求进行模型创建和仿真分析应用。
b）虚拟工厂所包含的模型元素和信息应与施工图设计图纸数据保持一致。
c）施工图设计阶段虚拟工厂模型创建应包括以下内容：
  1）工厂/车间工艺布局模型。
  2）公用设施设计模型。
  3）场地设计模型。
  4）信息设施设计模型。
  5）工厂/车间布局仿真模型。
  6）工厂物流系统仿真模型。
  7）车间物流系统仿真模型。
  8）生产过程仿真模型。
  9）人机工效仿真模型。
  10）机器人仿真模型。

d) 施工图设计阶段，虚拟工厂设计交付成果宜包括：
   1) 工厂/车间工艺布局模型。
   2) 公用设施设计模型。
   3) 场地设计模型。
   4) 信息设施设计模型。
   5) 工厂和车间物流仿真分析报告。
   6) 工厂和车间布局仿真分析报告。
   7) 生产过程仿真分析报告。
   8) 人机工效仿真分析报告。
   9) 机器人仿真分析报告。
   10) 性能仿真分析报告。
   11) 建造仿真分析报告。

e) 工厂/车间工艺布局模型元素及信息应包括以下内容：
   1) 生产系统、非标设备、运输设备、仓储设备等设备模型和工艺管道等工艺附属模型，含基本组成部件形状模型，应具有准确的尺寸、可识别的通用类型形状特征，以及专业接口尺寸、位置和色彩。
   2) 非标准专用设备设计模型，包括机组或生产线总体布局、各组成设备基本形状模型，含上下料装置、配电柜、控制柜和人机交互等装置基本形状模型及其物料、能源、通信接口示意。
   3) 设备模型元素属性信息应包括设备编号、名称及型号、主要技术规格、单位、数量、电力安装容量、质量、单价、总价、设备尺寸、设备定位尺寸、材质、管道接口、通信接口等技术参数信息。
   4) 工艺附属设施模型元素属性信息应包括模型元素的尺寸、定位尺寸，以及管道类型、尺寸、材质、压力等技术参数。
   5) 非标设备模型属性信息应包括尺寸、材质、做法、说明等。

f) 公用设施设计模型元素及信息应包括以下内容：
   1) 工厂/车间能源动力设计模型，包括工厂/车间的锅炉房、热交换站、燃气调压站、空压站、制冷站、变配电所及其他站房和车间内设备、管道、阀门、附件、仪表等元素的基本组成部件形状模型。
   2) 工厂/车间供配电设计模型，包括工厂/车间变配电站（间/室）开关柜、变压器、母线槽、自备发电机、控制盘、直流电源及信号屏等站房设备；车间配电箱、控制箱、启动设备、照明配电箱、灯具、开关、插座、桥架/线槽、线管等元素的基本组成部件形状模型。
   3) 其他公用设施设计模型，包括工厂/车间给排水、暖通专业站房设备、车间设备、管道、阀门、附件、仪表等元素的基本组成部件形状模型。
   4) 设备元素属性信息应包括设备类型、名称、编号、尺寸、位置、安装方式等技术参数；桥架线槽及管路元素属性信息应包括类型、名称、尺寸、标高。

g) 场地设计模型元素及信息应包括以下内容：
   1) 工厂/车间场地模型，包括工厂/车间生产配套的建筑、结构专业模型元素的基本组成形状模型。
   2) 新建工厂模型元素属性信息应包括轴线、位置、编号、规格、尺寸、材料、做法等信息。

h) 信息设施模型元素及信息应包括以下内容：
   1) 工厂/车间各智能化系统、车间物联网系统所包含的中心处理设备、传输设备、前端设备及其附件的基本组成部件形状模型。

2）主干管路模型，桥架/线槽、管道、阀门、附件、仪表等元素的基本组成部件形状模型。
  3）模型构件属性信息应包括模型构件的类型、名称、编号、型号、规格等设计技术参数。
  4）主干管路模型元素属性信息应包括规格、型号、尺寸、标高等信息。
i）工厂和车间物流仿真分析报告应包括以下内容：
  1）仿真运行视频及图片。
  2）物流通道通畅检验和三维空间的运输交叉分析报告。
  3）生产迂回检验分析报告。
  4）物流运输方案优化分析报告。
  5）物流设备、周转容器投入量仿真分析报告。
  6）设备利用率分析报告。
  7）物流平衡分析报告等。
j）工厂和车间布局仿真分析报告应包括以下内容：
  1）工艺布局规划方案验证报告。
  2）仿真运行视频及图片、发布版仿真文件等。
k）生产过程仿真分析报告应包括以下内容：
  1）设备利用率分析报告。
  2）生产平衡分析报告。
  3）生产计划完成率分析报告。
  4）生产周期分析报告。
  5）仿真运行视频及图片。
l）人机工效仿真分析报告应包括以下内容：
  1）作业域的计算过程和分析报告。
  2）工装工序改变后多方案关于疲劳度、舒适度、可见性、可达性以及搬运指数等的对比分析报告。
  3）能够准确反映整个工位实际装配流程和装配操作的三维仿真模型。
m）机器人仿真分析报告应包括以下内容：
  1）机器人协同工作节拍分析报告。
  2）机器人在生产过程中的运动干涉检查报告。
  3）机器人运行轨迹分析报告。
  4）模型运行仿真视频及图片。
n）性能仿真分析报告应包括以下内容：
  1）围护结构、门窗、空调、照明等系统对车间能耗影响的分析。
  2）室内声压级云图。
  3）室内照度、照度均匀度、数字化伪色彩图、照明功率密度分析图等内容。
o）建造仿真分析报告：主要为施工组织优化报告，包括施工进度计划报告和资源配置优化报告、工程总体形象进度图和分项形象进度图。

8.4.8 创新技术应用专篇

设计大数据、工业云及人工智能应用的详细方案，包括场景细分、功能规划、技术选型、产品选型、应用分析设计等内容。

8.5 设备及主要材料表

设备及主要材料表应包括下列内容：

a) 设备及主要材料表应以表格形式出具，应将所有设备和主要材料分别列出，详细写明序号、名称、型号、技术规格、数量单位及备注。
b) 安装所用辅助材料可不必开列。
c) 配套器材可按套列为一项，并注明所包括的器材主要规格。
d) 若利用工厂原有器材应注明"工厂原有"。

8.6 计算书

计算书应包括下列内容：
a) 主要设备选型计算书，包括现场控制器、工控机端口数量及处理器性能等。
b) 网络资源需求计算书，包括交换机设备性能、端口数量需求计算等。
c) 服务器资源计算书。
d) 存储资源计算书，包括存储架构、存储策略及存储容量需求计算等。
e) 安全策略需求计算书。
f) 主要设备用电负荷计算书。
g) 传输线缆资源需求计算书，包括铜缆类型及长度，光缆类型、芯数及长度需求计算等。
h) 管槽容量计算书，按国家相关规范中的管槽利用率要求，选择管材管径及主干、分支线槽截面积。

8.7 预算书

预算书应包括下列内容：
a) 项目概况，应说明项目建设地点、设计规模、建设性质（新建、扩建或改建）和项目主要特性等。
b) 编制依据，应包含设计图纸以及国家和地方政府有关法律、法规和规程等。
c) 编制范围，应明确建设内容的边界，说明预算的编制范围。
d) 总预算和单项工程综合预算表，总概算由各单项工程综合预算组成。
e) 单项工程综合预算表，由各单位工程预算汇总组成。
f) 单位工程预算书，由建筑（土建）工程、装饰工程、机电设备及安装工程、室外总体工程及其他专篇（含车间物联网系统和虚拟工厂）工程预算书组成。

9 专项深化设计

9.1 非标准设备及自动化

9.1.1 深化设计内容

a) 设备功能、几何参数、性能参数、运输方式、节拍计算等。
b) 设备总体组成，各个单体组成，工装夹具的性能要求等。
c) 设备材料表、外购件表、加工制作要求、自动化方案、工装夹具方案，以及安装调试要求等。
d) 设备所需的外部条件，如水、电、气等的品质及用量，设备所需的空间环境要求等。
e) 设备的输入、输出，包括物料和信息的输入、输出。
f) 控制中PLC的逻辑关系、接口协议、预留点位、采集系统的变量等。
g) 设备中各个单体/部件的动作顺序，自动化设备的详细动作顺序，工装夹具的动作顺序。
h) 设备操作使用说明、维护保养说明、易损件和消耗品的备用情况等。
i) 设备对操作人员以及维护保养人员的要求。

9.1.2 深化设计要求

a) 深化设计需列出设备性能指标、关键技术参数、设备外形尺寸、设备功率、生产线节拍计算过程等。
b) 深化设计需要列出设备总图、设备工作原理图、设备控制原理图、设备质量控制点、设备安装基础图、预埋管线图。
c) 设备总图中需描述设备平面、立面、剖面，能起到指导采购作用。
d) 设备原理图中需描述设备基本工作原理及影响到设备的关键性能指标。
e) 设备控制原理图中需列出该设备的控制过程，各单体的逻辑关系、启停顺序，各检测参数的逻辑控制等。
f) 设备质量控制点中详细描述该设备需严格控制的关键质量点。
g) 设备安装基础图中需列出安装所需的坑、洞、预埋件大小数量，以及防水防渗漏要求等。

9.2 车间物联网系统

9.2.1 深化设计内容

a) 封面。
b) 图纸目录。
c) 深化设计说明。
d) 图例。
e) 设计图纸。
f) 设备及主要材料表。
g) 主要产品技术规格书。
h) 设施设备编码。
i) 通用安装图集。
j) 计算书。

其中，封面、图纸目录、图例、通用安装图集、计算书的要求同施工图设计。

9.2.2 深化设计说明

深化设计说明在施工图设计说明基础上，应增加下列内容：相关系统应用软件的功能说明、接口描述、设备安装与管线敷设详细要求。

9.2.3 设计图纸

a) 平面图。即安全生产数字化系统平面图，在施工图设计的基础上应增加下列内容：各系统设备、各系统用户终端应有编号；水平敷设的管、槽应标注标高；垂直敷设的管、槽应有安装相对尺寸。
b) 系统图。即安全生产数字化系统图，在施工图设计的基础上应增加系统设备和各用户终端的编号。
c) 增加的内容：
   1) 各子系统设备机柜布置详图、机柜接线图。
   2) 所有控制台、连接板、面板与固定装置的细部图样。
   3) 以上系统所有详细线缆表。

9.2.4 设备及主要材料表

在施工图设计的基础上，增加产品详细型号，必要时填写推荐品牌。

9.2.5 主要产品技术规格书

主要产品技术规格书应包含产品需遵循的规范、标准，产品技术规格与参数，产品技术要求，产品机械、电气特性，产品应附备品备件和产品必备的检验检测证书。

9.2.6 设施设备编码

a）设施设备编码应满足工厂建设和运行维护的规定，每一个被编码对象的编码应符合全厂唯一的原则，并可追溯其功能、逻辑位置、物理位置。

b）设施设备编码应包括工艺编码和物理位置编码两种编码类型。

c）设施设备编码应包括下列对象：工艺的系统、设备、部件；电气、车间物联网系统的系统、设备；建（构）筑物。

d）设施设备编码与编码对象可分为下列两种关系：工艺编码用于标识工艺的系统、设备、部件；物理位置编码用于标识建（构）筑物及空间划分。

e）设施设备编码应包括下列内容：确定编码对象及其编码；在工程文件、图纸和模型上对编码对象进行标注；把编码对象的编码录入相关数据库，并关联设备的逻辑位置信息和工程项目约定的其他属性信息。

f）在对具体工程项目进行编码时，应根据工程项目的实际情况，编制工程项目的《工程约定与编码索引》。

g）专项深化设计阶段编码应符合下列要求：应对《工程约定与编码索引》进行细化、调整和更新，经业主批准后发布给项目参与各方执行；各专业人员应按照《工程约定与编码索引》对本专业的系统和设备进行编码；可根据需要编制部件码。

h）工艺编码应包括系统分类码、系统编号、设备分类码、设备编号、设备附加码、部件分类码、部件编号。

i）物理位置编码应包括建（构）筑物码和房间（分区）码。

j）在不引起混淆的条件下，设施设备编码标注时可省略部分编码字段。

9.3 虚拟工厂

9.3.1 虚拟工厂深化设计内容

a）工厂/车间虚拟制造模型。

b）工厂/车间虚拟建造模型。

9.3.2 虚拟工厂深化设计交付成果

a）工厂/车间虚拟制造模型。

b）工厂/车间虚拟建造模型。

c）虚拟试生产验证及分析报告。

d）虚拟建造模拟文件。

e）虚拟工厂模型数据集成方案。

9.3.3 工厂/车间虚拟制造模型设计要求

a）包含生产系统模型、物流设备模型、工装模型、物料及产成品模型等。

b）包含生产系统、辅助设备及部件之间的关系逻辑模型。

c）生产系统模型需包含生产系统的功能、性能特性及运行信息。

d）应包括生产计划、生产纲领、工艺规划信息。

e）应包含机台工位生产任务的分解计划信息。

f）工装夹具及自动上下料装置的布置应满足生产工艺的要求。

9.3.4 工厂/车间虚拟建造模型设计要求

a）应包括施工图设计阶段模型元素，并根据具体采购设备信息对模型进行完善。

b）应包括建造设备模型、安装机具模型。

c）宜包括虚拟进度模拟、虚拟工序模拟、虚拟建造实施组织模拟、虚拟建造管理模型。

9.3.5 虚拟试生产验证及分析报告设计要求

宜根据采集的物理工厂实际生产数据进行生产仿真和车间性能模拟，并与施工图设计阶段仿真数据进行对比验证。

a）生产过程仿真：生产节拍、缓冲区的大小、物流传送装置的性能等生产过程参数优化分析报告；各种随机因素对生产线平衡性的影响分析报告。

b）装配过程仿真：装配顺序验证报告；装配路径的合理性验证报告；零部件的可装配性检验报告。

c）人机作业仿真：虚拟制造过程中的人机协同作业分析和验证报告。

d）车间性能模拟：环境控制系统模拟和设备模拟等分析报告；全局平面声场分布云图、全局三维声场分布云图及受声体立面声压级云图等；全局照度分析、光控照明节能分析等分析报告。

9.3.6 虚拟建造模拟文件设计要求

宜包括虚拟工序模拟、虚拟建造实施组织模拟、虚拟建造方案模拟模型和多媒体文件。

9.3.7 虚拟工厂模型数据集成方案设计要求

a）虚拟工厂模型与物理工厂、应用管理系统的集成内容、方式和集成协议。

b）虚拟工厂模型编码方案，包括模型编码范围、编码规则和方式。

c）工厂/车间建造、生产制造和检修管理数据采集内容及方式。

d）虚拟工厂与物理工厂虚实集成数据字典。

e）虚拟工厂与其他系统集成接口要求，包括与建设管理系统、工厂/车间管理系统和工厂/车间预防性维护系统的接口。